New Urbanisms 7 Geothermal Larderello: Tuscany, Italy

Nuovi scenari urbani per Larderello, centro della Geotermia

Columbia University Urban Design Program
Università di Roma, "La Sapienza", Iª facoltà di architettura Ludovico Quaroni
Università di Firenze, Corso di museografia e allestimenti

EDITORS
Richard Plunz
Mojdeh Baratloo
Kate Orff
Michael Conard

MANAGING EDITORS
Mojdeh Baratloo
Kate Orff

ITALIAN EDITORS
Andrea Bassan
Luca Zampaglione

DESIGN
Mariano Desmarás

ASSISTANTS
Magda Kowalska
Martina Zurmuehle

IN COLLABORATION WITH
Enel

Contents / Indice

Published by
Princeton Architectural Press
37 East Seventh Street
New York, New York 10003

For a free catalog of books, call 1.800.722.6657.
Visit our web site at www.papress.com.

Production Editor: Linda Lee

Special thanks to: Nettie Aljian, Dorothy Ball, Nicola Bednarek, Janet Behning, Megan Carey,
Penny (Yuen Pik) Chu, Russell Fernandez, Jan Haux, Clare Jacobson, John King, Mark Lamster,
Nancy Eklund Later, Katharine Myers, Lauren Nelson, Molly Rouzie, Jane Sheinman, Scott Tennent,
Jennifer Thompson, Paul Wagner, Joseph Weston, and Deb Wood of Princeton Architectural Press
—Kevin C. Lippert, publisher

Library of Congress Cataloging-in-Publication Data
Geothermal Larderello : Tuscany, Italy / Richard Plunz...[et al.], editors.—1st ed.
p. cm. — (New urbanisms ; 7)
Texts in English and Italian.
ISBN 1-56898-534-7 (pbk. : alk. paper)
1. City planning—Italy—Larderello. 2. Geothermal resources—Italy—Tuscany. 3. Geothermal
resources—Economic aspects—Italy—Tuscany. 4. Geothermal power plants—Italy—Tuscany.
5. Larderello (Italy)—Economic conditions. I. Plunz, Richard. II. Series.
HT169.I82L374 2005
307.1'216'094555—dc22

2005004982

Bernard Tschumi, Dean
Columbia University
Graduate School of Architecture Planning and Preservation

I am pleased to present this publication of MSAUD New Urbanisms, one of a series of publications that address specific sites for large-scale redevelopment. Students and faculty work together over the course of one semester to investigate a site, a program, or an area of research in order to contribute to current discussions in urban design. The spring semester studio is aimed at expanding the students knowledge of the contemporary urban condition and, with increasingly diverse students from around the world, preparing them to understand and work in a global context. These international investigations cover a range of topics from urban ecology to housing to issues of landscape, infrastructure, and economics. In recent years these studies have been based in Caracas, Venezuela, Mostar in Bosnia and Herzegovina, Prague, Czech Republic, and Bangkok, Thailand.

This investigation explores issues of urban form in relation to the unique geothermal energy resources in the Val di Cecina. We hope that this publication can make a significant contribution to discussions about the future integration of infrastructure planning and urban design and on the potential of sustainable energy to give new identity and vitality to the factory town of Larderello.

We wish to thank Enel for their support of this publication.

Foreword
Introduzione

Ho il piacere di presentare questa pubblicazione di MSAUD New Urbanisms (Nuovi disegni urbani), l'ultima di una serie sulla pianificazione territoriale di aree specifiche. Gli studenti e la facoltà lavorano insieme per un semestre per studiare un territorio, un piano o un'area di ricerca, allo scopo di contribuire al dibattito attuale sulla pianificazione urbana. Il semestre di studio ha lo scopo di allargare le conoscenze degli studenti sulle condizioni della città contemporanea e prepararli a comprendere e lavorare in un contesto globale (sempre un maggior numero di essi proviene dalle varie aree del mondo). Questi studi internazionali coprono una serie di temi, dall'ecologia urbana all'abitazione, dai problemi del paesaggio a quelli delle infrastrutture ed economici. Negli ultimi anni queste ricerche si sono svolte a Caracas, in Venezuela; a Mostar, in Bosnia-Erzegovina; a Praga, nella Repubblica Ceca; a Bangkok, in Tailandia.

Questo studio sviluppa temi di disegno urbano in relazione alle risorse di energia geotermica della Val di Cecina. Spero che questa pubblicazione possa contribuire in modo significativo alla discussione sulla integrazione futura di pianificazione infrastrutturale e progettazione della città e sulle capacità di basare sull'energia sostenibile la nuova identità e vitalità della città/fabbrica di Larderello.

Desidero ringraziare Enel per il gentile sostegno a questa pubblicazione.

Fulvio Conti
CEO of Enel

Foreword

Introduzione

Whenever two realites rich in history and prestige meet, the result is always one of great intellectual value. This book, the latest of a prestigious series, now a reference for global architecture, confirms that. This time, Columbia University wanted to point to Larderello, capital city and cradle of geothermy; Enel enthusiastically accepted and took part in the program, hosting the Field Project that every year the New York School organizes in different places.

To me, as CEO of Enel, it is of great honour to present the book being issued right in the centennial anniversary when Earl Ginori Conti for the first time succeded in lighting five electrical bulbs using geothermal power.

After a hundred years of geothermy, the urban projects designed by a group of American and Italian architects from Rome and Florence seem to suggest the way for the development of this renewable energy source within a broader strategy of local sustainable growth.

Quando due realtà ricche di storia e di prestigio si incontrano, il risultato che si ottiene è sempre di grande valore intellettuale. Questo libro, ultimo di una serie prestigiosa ormai punto di riferimento dell'architettura mondiale, ne è la conferma. La Columbia University ha voluto questa volta puntare l'attenzione su Larderello, capitale e culla della geotermia, ed Enel ha accettato con entusiasmo di partecipare alla sua realizzazione ospitando il Field Project che ogni anno l'ateneo newyorchese tiene in una località diversa.

Ed è per me un onore, come amministratore delegato di Enel, presentare questa pubblicazione che vede la luce proprio nel centenario dell'accensione delle prime cinque lampadine elettriche da fonte geotermica da parte del principe Ginori Conti.

Dopo cento anni di geotermia, i progetti di riconversione urbanistica di architetti americani e italiani di Roma e Firenze sembrano indicare la via per lo sviluppo di questa fonte rinnovabile in una prospettiva più vasta di sviluppo locale sostenibile.

Larderello study participants
Partecipanti al laboratorio su Larderello

LOCAL AUTHORITIES/AUTORITÀ LOCALI

Graziano Pacini, Mayor of Pomarance/sindaco di Pomarance

Muzio Bernardini, Mayor of Castelnuovo Val di Cecina/sindaco di Castelnuovo
Val di Cecina

Renzo Rossi, Mayor of Montecatini Val di Cecina/sindaco di Montecatini
Val di Cecina

Francesco Gherardini, President of 'Val di Cecina' Mountain District/presidente
della comunità montana 'Val di Cecina'

ROME PARTICIPANTS/PARTECIPANTI DI ROMA

Lucio Carbonara, Director, Department of Regional and Urban Planning, 'la
Sapienza' University, Rome/presidente del dipartimento di pianificazione territoriale
e urbanistica, univerità 'la Sapienza' di Roma

Lucio Altarelli, Professor of Achitectural Design, 'la Sapienza' University, Rome/
professore di composizione dell'università 'la Sapienza' di Roma

Manuela Ricci, Professor of Urban Planning, 'la Sapienza' University, Rome/
professore di urbanistica dell'università 'la Sapienza' di Roma

Antonino Saggio, Professor of Architectural Design, 'la Sapienza' University, Rome/
professore di composizione dell'università 'la Sapienza' di Roma

Andrea Bassan, Architect, Rome/architetto, Roma

FLORENCE PARTICIPANTS/PARTECIPANTI DI FIRENZE

Eugenio Martera, Professor of Museum and Exhibition Design, University of
Florence/professore di architettura, università di Firenze, corso di museografia e
allestimenti

Piernicola Assetta, Architect, University of Florence/architetto, università di
Firenze

Jan de Clercq, Architect, University of Florence/architetto, università di Firenze

Martino Piccioli, Architect, University of Florence/architetto, università di Firenze

ENEL PARTICIPANTS/PARTECIPANTI DI ENEL

Paolo Pietrogrande, Chief Executive, Enel GreenPower/amministratore delegato di
Enel GreenPower

Pierdomenico Burgassi, Director, Geothermal Museum, Larderello/direttore del
Museo della Geotermia di Larderello

Raul Toneatti, Business Development/sviluppo attività di produzione

Micaela Bozzi, Business Development/sviluppo attività di produzione

Cristina Carli, Business Development/sviluppo attività di produzione

Marcello Totani, Business Devlopment/sviluppo attività di produzione

Paolo Boddi, Business Development/sviluppo attività di produzione

Armando Burgassi, CO.SVI.G. Srl

Loris Martignoni, Facilities/settore servizi

Elisabetta Morganti, Plant Design Engineer/ingegnere progettista di impianti

Rodolfo Marroncini, Plant Design Engineer/ingegnere progettista di impianti

Maurizio Gentili, Financing/finanziamenti

Alberto Bruni, Geothermal Museum/Museo della Geotermia

Antonio Fini, Geothermal Museum/Museo della Geotermia

Roberto Ovi, Geothermal Museum/Museo della Geotermia

Sandro Cuomo, Project Assistant/collaborotore al progetto

Roberto Parri, responsible for geothermal operations in Larderello/responsabile
per la geotermia a Larderello

Elena Jughetti, Architect/architetto

AND/E:

Patrizia Pietrogrande, Architect, Florence/architetto, Firenze

Edoardo Zanchini, Urban Design Architect Manager, Legambiente/architetto
urbanista, Legambiente

Simone Sorbi, Manager, Toscana Region /dirigente della regione Toscana

Gabriele Simoncini, Director, SIAF Volterra /direttore SIAF Volterra

Federico Simoncini, Volterra Saving Bank/Cassa di Risparmio di Volterra

Massimo Bartolozzi, Architect/architetto

Gabriele Cateni, Director, Volterra etruscan museum/direttore del museo etrusco
di Volterra

Alessandro Furiesi, Director, Volterra art gallery/direttore della pinacoteca di
Volterra

Augusto Mugellini, Engineer/ingegnere

Billy Cerri, Historian, Serrazzano/storiografo, Serrazzano

Lara Pippucci, Historian, Monterotondo/storiografo, Monterotondo

Clara Ghirlandini, Archeologist, Sasso Pisano, Tuscany/archeologa, Sasso Pisano, Toscana

Tommaso Franci, Environment & Power Authority, Toscana Region/assessore all'energia e all'ambiente della regione Toscana

Patrizia Marchetti, Road Director, Pisa Province/Direttore dell'ufficio strade della provincia di Pisa

Pasquale Zoppo, Director, CPT (Pisa Transport Company)/direttore del CPT (Consorzio Pisano Trasporti)

Massimo Conti, Isolver SpA, Castelnuovo, Tuscany

Alessia Bogi, City Manager, Serrazzano, Tuscany/funzionario del comune di Serrazzano, Toscana

Carmelo Carai, Young Entrepreneur/giovane imprenditore

Andrea Cinotti, Mountain District Manager/funzionario della comunità montana

Ermes Scorri, Orion

Rocco Galotta, Engineer, Orion/ingegnere della Orion

Sara Venturini, Lawyer, Pisa/avvocato, Pisa

COLUMBIA FACULTY/FACOLTÀ DI ARCHITETTURA DELLA COLUMBIA

Richard Plunz, Professor, Director, Urban Design Program/professore ordinario

Mojdeh Baratloo, Adjunct Associate Professor/professore associato

Michael Conard, Adjunct Associate Professor/professore associato

Kate Orff, Adjunct Assistant Professor/professore associato

COLUMBIA TUSCANY STUDIO INVITED CRITICS LIST/LISTA DEI CRITICI INVITATI DALLA COLUMBIA PER IL LABORATORIO SU LARDERELLO

Patriki Astigarraga, Architect, Mexico City/architetto, Città del Messico

Alessandro Cimini, Architect, New York/architetto, New York

Peggy Deamer, Architect, Lecturer, Yale University/architetto, lettore dell'università di Yale

Mariano Desmarás, Architect and Graphic Designer, New York/architetto e grafico, New York

Celia Emery, Architect, New York/architetto, New York

Carlo Frugiuele, Architect and Urban Designer/architetto urbanista

Ray Gastil, Executive Director, Van Alen Institute/direttore Van Alen Institute

Craig Konyk, Architect, New York/architetto, New York

Ignacio Lamar, Architect, New York/architetto, New York

Jenna MacDonald, Architect, New York/architetto, New York

Franco Marinai, Filmmaker, New York/ regista, New York

Victoria Marshall, Landscape Designer and Lecturer, Columbia University/ architetto, lettore in disegno urbano della Columbia University

Brian McGrath, Architect and Lecturer in Urban Design, Columbia University/ architetto, lettore in disegno urbano della Columbia University

Jelena Mijanovic, Architect, New York /architetto, New York

Maria Cristina Milano, Enel, Rome/responsabile della comunicazione di Enel GEM, Roma

Leo Modrecin, Architect, New York/architetto, New York

Joeb Moore, Architect and Lecturer, Columbia University/architetto, lettore della Columbia

Paolo Pietrogrande, Enel

Paul Segal, Architect and Lecturer, Columbia University/architetto, lettore della Columbia

Grahame Shane, Lecturer in Urban Design, Columbia University/lettore in disegno urbano della Columbia

David Smiley, Architect and Lecturer, Columbia University/architetto, lettore della Columbia

Anna Thorsdottir, Architect, New York/architetto, New York

Els Verbakel, Architect, New York/architetto, New York

Montecerboli/*Montecerboli*

Larderello power plant 3/Centrale Larderello 3

Vapors at Sasso Pisano/Manifestazioni naturali a Sasso Pisano

Valle Secolo power plant/Centrale Valle Secolo

Anna K. Thorsdottir

A few years ago I got to know the region in and around the town of Larderello. Besides the beauty of the landscape and its geothermal activity, I was struck by the wealth of the industrial, residential, and historic structures that seemed destined for abandonment. After doing some research on the history of the area and its industrial development, I became fascinated by the the depopulated company town of Larderello and the architectural development that Enel, the major landholder, fostered there since the turn of the last century as well as the company's industrial installations and their impact on the environment and the place.

Growing up in Iceland I experienced the benefits of geothermal energy and have witnessed the potential of integrating industrial and the recreational uses. For example, after a lagoon was created from the salty effluent from a geothermal power plant 45 km outside of Reykjavik some twenty years ago, it soon became a popular bathing spot called the Blue Lagoon. Icelanders have always been ready to dip into a warm pool. At first the facilities were very primitive but as the fame of the lagoon increased, a complete spa facility was constructed. Today it is one of the top spas in the world. Also, in the early eighties, when the large hot water storage tanks situated on top of Reykjavik's largest hill had outlived their usefulness, they were redesigned to house a 360 degree viewing platform with a cafeteria, and above that a rotating restaurant named Perla opened for business. These two industrial reconfigurations, originally funded by the government-sponsored geothermal industry, are today destinations for both the local people and for international tourists. I thought, if this type of direct integration of the geothermal industry and the service industry, coupled with amenities for local inhabitants and visitors, can happen in Iceland why not also in Larderello. The need for revitalization and the incredible redevelopment potential at hand in Larderello became clear.

The question is: how to reuse these existing Enel structures and property and plan for new installations with future reuse in mind ? This is especially important for the facilities that have a limited life expectancy such as the steam wells and their immediate surroundings—most of which—served by well-paved roads.

Thoughts on Larderello
Pensieri su Larderello

Alcuni anni fa ho avuto modo di conoscere la zona di Larderello. Mi hanno colpito non solo la bellezza del paesaggio e la sua attività geotermica, ma anche la ricchezza e la quantità delle strutture industriali e residenziali apparentemente destinate all'abbandono. Dopo una ricerca sulla storia dell'area e sul suo sviluppo industriale, sono rimasta affascinata dall'ormai spopolata città-fabbrica di Larderello, e dallo sviluppo architettonico, urbanistico e industriale promosso intorno all'inizio dello scorso secolo, nonché dal suo impatto sul territorio. Cresciuta in Islanda, conosco da vicino i pregi dell'energia geotermica e i vantaggi dell'integrazione del suo uso industriale con quello ricreativo. Per esempio, l'acqua marina scaricata da una centrale elettrica geotermica, una ventina di anni fa, a 45 km da Reykjavik, ha dato luogo a un lagone, conosciuto con il nome di "Laguna Blu" a causa del suo colore blu intenso. Il luogo divenne ben presto una meta molto frequentata dagli islandesi che sono sempre pronti a immergersi in una pozza d'acqua calda. Le strutture intorno alla laguna, molto primitive agli inizi, si sono ampliate col crescere della sua fama e al giorno d'oggi la "Laguna Blu" è una delle più rinomate stazioni termali del mondo. Agli inizi degli anni Ottanta gli originali depositi d'acqua calda situati in cima alla più alta collina di Reykjavik, ormai obsoleti, furono rimpiazzati da sei nuovi depositi che su cinque piani sovrastanti ospitavano il ristorante 'La Perla', un bar e una piattaforma panoramica. Tale era stato il successo di questa realizzazione che nel 2003 uno dei depositi sottostanti è stato adibito a spazio espositivo.

Queste due riconfigurazioni industriali, che inizialmente sono state finanziate con contributi pubblici destinati all'industria geotermica, sono al giorno d'oggi attrattive sia per la popolazione locale, sia per il turismo internazionale. Quindi mi sono chiesta se questo tipo di integrazione fra industria geotermica e quella dei servizi non fosse possible anche a Larderello. È ben chiaro quanto degli interventi di rivitalizzazione siano necessari e quale impatto positivo potrebbero avere per Larderello e il suo territorio.

La domanda dunque è: come riutilizzare le esistenti strutture e le proprietà Enel? E come programmarne di nuove considerando il loro futuro reimpiego? Quest'ultima domanda è particolarmente importante per quelle strutture di cui è possibile prevedere una vita di breve durata - e un probabile impatto negativo sull'ambiente - come sono per

In order to bring about new ideas and to start a dialogue with Enel, I thought of contacting Professor Richard Plunz and Mojdeh Baratloo of the Urban Design Program at Columbia University to use Larderello as one of the study sites for their graduate level studio. Having obtained their interest, I contacted Enel GreenPower in Castelnuovo Val di Cecina and had the fortune to talk to Pierdomenico Burgassi, who in turn got the then president of Enel GreenPower, Paolo Pietrogrande, interested. To the credit of all involved, this has been an intensive and fruitful collaboration, as is manifested in this publication, and should be only the beginning seed to transform the area and to foster an even more successful collaboration between the geothermal industry, the local population, and potential entrepreneurs and designers.

esempio i pozzi di estrazione che fra l'altro sono in maggior parte accessibili con strade ben asfaltate. Insomma, che farne?
Allo scopo di generare nuove idee ed iniziare un dialogo con Enel proposi ai professori Richard Plunz e Mojdeh Baratloo dell'Urban Design Program della Columbia University di considerare Larderello come oggetto di studio per un loro programma di laurea. Ricevuto il loro interessamento, mi misi in contatto con Enel a Castelnuovo Val di Cecina ed ebbi la fortuna di parlare con Pierdomenico Burgassi che a sua volta suscitò l'interessamento di Paolo Pietrogrande allora amministratore delegato di Enel GreenPower. Ad onore di tutti i promotori e partecipanti mi pare che questa sia stata una collaborazione intensa e proficua, come si evince dalla presente pubblicazione. Spero che questo sia un contributo volto a stimolare altre iniziative per la valorizzazione di questa zona e a rafforzare la collaborazione fra industria geotermica, popolazione locale, potenziali imprenditori e designers.

The beautiful Blue Lagoon is a thermal pool located in the lava desert by the village of Grindavik. Although it was created only a few years ago, all visitors include it in their Iceland travel itinerary.

La magnifica Laguna Blu è una grande vasca termale situata nel deserto di lava vicino al villaggio di Grindavìk. Esiste solo da pochi anni, ma non c'è viaggiatore che la escluda dal proprio itinerario islandese.

Pierdomenico Burgassi

Since the Palaeolithic era, *lagoni* (natural pools with bubbling gases) and *fumaroles* (geyser like jets, hot water springs and gas jets) were known to the ancient inhabitants of the Tuscany region. These manifestations were considered to be a sign of the existence of underground divinities, who from time to time ascended to the surface, accompanied by hisses, rumbles, and subterranean noises. The heat perennially supplied by these manifestations served as antidote to the cold, and the therapeutic properties of certain mud and waters must have seemed like a generous gift bestowed by benign deities of the underworld, certainly not from malevolent angels as the concept of hell would lead one to think. In Upper Maremma and in the Tuscan Metalliferous Hills numerous vestiges and handmade objects exist that attest to the widespread therapeutic use among the Etruscans of the hot springs, mud, and mineral salts.

With the passing of time, and especially during the period of expansion of the Roman Empire, the fame of the pharmacological properties and of the increasingly broad therapeutic uses of the thermal manifestations of Upper Maremma was to extend itself to various regions of the Mediterranean Basin and is witnessed in a passage by the Greek poet Lycophrone (3rd century B.C.) who, in the poem "Alexandra," which references the river Lynceum (probably the Cornia River, originating in the Sasso Pisano area), notes that it was fed by waters issuing from certain geothermal manifestations used to treat diseases.

The first cartographical document recording the existence of two spas ("Aquas Volaternas" and "Aquae Populoniae") located in proximity to Larderello is the Tabula Itineraria Peutingeriana. This document, dating back to the 4th century A.D., constituted the map of the main routes and military roads of the Roman Empire; hence the fact that the two aforementioned spas were recorded among the many existing in central Italy signifies that they

Brief history of geothermal activities in Larderello
Breve storia della geotermia a Larderello

Già nel paleolitico fumarole, lagoni (pozze naturali con gas), geyser, getti di vapore, sorgenti d'acqua calda ed esalazioni di gas erano noti agli antichi abitatori della regione e certamente erano già, in qualche modo, oggetto di attenzione. È da pensare che queste manifestazioni fossero considerate come un segno dell'esistenza di divinità sotterranee, che, di tanto in tanto, si affacciavano alla superficie con sibili, boati e rumori ultraterreni, alcune delle quali potenti e pericolose, altre graziose e benevole. Il calore a 'misura d'uomo' fornito perennemente da alcune manifestazioni come antidoto al freddo e le proprietà terapeutiche di certi fanghi ed acque termali dovevano perciò rappresentare un dono elargito da divinità benigne del sottosuolo, non certo da angeli maligni, come l'idea di inferno potrebbe indurre a pensare. Esistono nell'Alta Maremma e nelle Colline Metallifere numerose vestigia e manufatti che attestano quanto diffuso fosse tra gli Etruschi l'uso terapeutico delle sorgenti termali, dei fanghi caldi e delle incrostazioni saline.

Con il passare del tempo, soprattutto durante il periodo di espansione dell'Impero Romano, la fama delle proprietà farmacologiche e dei sempre più ampi usi terapeutici delle manifestazioni termali dell'Alta Maremma dovette espandersi in varie regioni del Bacino del Mediterraneo: ne fa fede un passo del poeta greco Licofrone (III sec. a.C.) il quale, nel suo poema Alexandra, ricorda come il fiume Linceo (identificabile con il fiume Cornia che ha origine nella regione boracifera nei pressi di Sasso Pisano) fosse alimentato dalle acque di efflusso di certe manifestazioni geotermiche naturali e come con le sue acque venissero curate numerose malattie degli occhi.

Il primo documento cartografico sul quale appaiono riportate due stazioni termali ('Aquas Volaternas' ed 'Aquae Populoniae') localizzabili in prossimità di Larderello è la 'Tabula Itineraria Peutingeriana'. Questo documento, del IV secolo dopo Cristo, costituiva la carta dei principali itinerari e delle strade militari dell'Impero Romano; pertanto il fatto che vi fossero riportate, tra le tante esistenti nell'Italia centrale, proprio le due stazioni termali suddette, significa che queste avevano raggiunto da tempo sviluppo e fama particolari.

had already attained an advanced stage of development and particular fame.

In 1812 the first company was founded to attempt industrial exploitation of the boric salts deposited around the manifestations of Larderello. This first venture failed, for organizational and economic reasons. In 1816, however, a new company was formed for the evaporation of the first boric waters. No less than 3555 kg of boric acid was produced and immediately found a receptive market in France. Thus, in 1818, the company Chemin - Prat — La Motte — Larderel was born; it was incorporated in Leghorn, however, because the charter members, all French, were living in exile in that town. The company leased for a period of six years, with an option to renew, the lagoni of Montecerboli and nominated one of the partners (Francesco de Larderel) as the executive manager of the technical activities.

Today, Enel operates 34 geothermal plants in Italy for an overall 862 mW electrical power production. The geothermal plants produce about 5 billion kw/h of electrical power, and serve about 1,800,000 families, satisfying over 25% of Tuscany's need. It is estimated that up to 1,100,000 oil tons, the gas is saved, and CO_2 emission is reduced to 3.8 millions tons kW/h.

Si dovette però attendere il 1812 per la costituzione di una società che per prima tentasse lo sfruttamento industriale dei sali borici delle manifestazioni di Larderello con i metodi proposti da Mascagni, ma questo primo tentativo fallì, per ragioni organizzative ed economiche. Nel 1816 sorse una nuova società che in soli 9 mesi, utilizzando fuochi di legna per l'evaporazione delle acque, produsse 3.555 Kg di acido borico. Subito il prodotto trovò mercato in Francia e nel 1818 nacque la società 'Chemin - Prat - La Motte - Larderel'; essa fu registrata a Livorno poiché i soci fondatori, tutti francesi, erano residenti in questa città per motivi commerciali. La società prese in affitto, per un periodo rinnovabile di sei anni, i lagoni di Montecerboli e nominò direttore dei lavori per il loro sfruttamento, uno dei soci: Francesco de Larderel.

Sono in funzione in Italia un totale di 34 centrali geotermiche (26 delle quali nell'area boracifera tradizionale) per un totale di 862 MW di potenza installata. Le centrali geotermiche producono circa 5 miliardi di kW/h di energia elettrica che soddisfano i bisogni di quasi 1.800.000 famiglie, oltre il 25% del consumo della Toscana; in questo modo vengono risparmiate 1.100.000 tonnellate equivalenti di petrolio ed è possibile evitare l'emissione di 3,8 milioni di tonnellate di CO^2.

Excerpted from "Larderello: 23 Centuries of history", "Enel: the history of Larderello" and "Geothermal energy in Tuscany and northern Latium"
Estratti da "Larderello: 23 secoli di storia", "Enel: la storia di Larderello" e Energia geotermica in Toscana e nel nord del Lazio.

CHRONOLOGY: Geothermal energy and human settlement in Tuscany
CRONOLOGIA: Energia geotermica e insediamenti umani in Toscana

3rd Century BC The first evidence of an intentional, organized use of geothermal phenomenon came from the discovery of a large public bathing complex at Sasso Pisano that may have been a health resort and place of worship dating from Etruscan-Roman times. Deposits of boron salts that encrusted the banks of the lagoni were used both for medicinal purposes and in the preparation of pottery glaze, as evidenced in the enamels of Etruscan ceramics.

III secolo a.C. La prima testimonianza di un uso intenzionale e organizzato dei fenomeni geotermici arriva dalla scoperta di una vasto complesso termale di uso pubblico presso Sasso Pisano, un possibile centro benessere e culturale di epoca Etrusco-Romana. Depositi di sali borici lungo i bordi dei lagoni furono usati sia per scopi curativi sia per la preparazione di smalto per la ceramica, come dimostrano le produzioni etrusche.

1st Century BC Roman poets Tibullus and Lucretius refer to the geothermal phenomena of Tuscany in their works.

I secolo a.C. Il poeti latini Tibullo e Lucrezio nelle loro opere citano i fenomeni geotermici della Toscana.

3rd Century AD The "Tabula Itineraria Peutingeriana" in the Imperial Museum of Vienna provides the earliest and most reliable documentation of the natural phenomena occurring in the area of Larderello. The place names of "Aquae Volterranae" and "Aquae Populoniae" on this Roman map indicate the Baths of Bagno al Morbo near the town of Larderello and the sulfurous lake of Monterotondo.

III secolo d.C. La 'Tabula Itineraria Peutingeriana' del museo Imperiale di Vienna fornisce la prima e più sicura documentazione dei fenomeni naturali dell'area di Larderello. I toponimi 'Aquae Volterranae' e 'Aquae Populoniae' su questa antica carta geografica Romana indicano le terme di 'Bagno a Morbo' presso Larderello e il lago solforoso di Monterotondo.

Early Middle Ages Minerals deposited by the soffioni (steam jets) and lagoni (small pools or craters where steam mixed with gas causes the water to bubble up) are incorporated into products like sulfur, and sulfates and are used for dyeing cloth and preparing medicines. The economic potential of these minerals from the natural phenomena begins to cause disputes among Tuscan republics.

Medio Evo I minerali depositati dai soffioni (getti di vapore) e dai lagoni (piccole pozze o crateri misti a gas che causano l'ebollizione delle acque) sono incorporati in prodotti come lo zolfo, e i solfati vengono usati per le tinture delle stoffe e come preparati per la medicina. Il potenziale economico dei minerali originati dai fenomeni naturali comincia a creare dissidi tra le repubbliche Toscane.

15th Century The defeat suffered by the Commune of Volterra in the War against the Republic of Florence ended in 1472 with the sack of the city, resulting in a decline in extraction and use of the materials. This decline continued because of competition from cheaper products from other regions, and practically ceased by the end of the 17th century.

XV secolo La sconfitta subita da Volterra nella guerra contro Firenze terminò nel 1472 con il saccheggio della città e ne conseguì il declino dell'attività di estrazione e di uso dei materiali. Il declino continuò per la competizione con prodotti più economici provenienti da altre regioni e terminò praticamente alla fine del secolo XVII.

1777 The climate of enlightenment scientific enquiry, and encouragement by the grand Duke of Tuscany, led to the detection of the presence of boric acid in the waters of the Lagoni by F.U. Hoefer, Pharmacy Director to the Grand Duke of Tuscany, in the Cerchiaio lagoon of Monterotondo.

1777 Il clima di ricerca scientifica del periodo illuminista e il favore manifestato dal Granduca di Toscana portò alla scoperta da parte di F.U. Hofer, direttore della Farmacia Granducale, della presenza di acido borico nelle acque dei Lagoni al Cerchiaio di Monterotondo.

1800 A report on the boric industry by the academician Emanuele Repetti mentions Francesco de Larderel (a Frenchman who emigrated to Italy at the beginning of the century) as making "a praiseworthy but largely ignored attempt to harness the fumaroles to drive an iron rotor with the intention of applying it in various types of manufacture." The report concludes, "Steps should be taken to guard against the loss of this excellent idea from which the area could draw new resources and prosperity."

1800 Un articolo sull'industria borica dovuto all'accademico Emanuele Ripetti menziona Francesco de Larderel (un francese emigrato in Italia all'inizio del secolo) come persona attiva in un 'tentativo lodevole ma ignorato da molti di utilizzare le fumarole per muovere una turbina di ferro da applicare in diversi tipi di macchinari'. L'articolo termina dicendo che 'ci si dovrebbe muovere per non sprecare questa ottima idea, da cui la zona potrebbe trarre nuove risorse e prosperità'.

1812 Despite the availability of vast natural sources of heat, wood from the nearby forests was used from 1812 to 1826 by the infant boric industry to produce the first modest quantities of boric acid at very high cost.

1812 Nonostante l'enorme quantità di fonti di calore naturali, dal 1812 al 1826 le foreste della zona furono sfruttate per ricavarne legname per la nascente industria chimica, con una prima modesta produzione di acido borico a costi elevatissimi.

1818 The Larderel Company of Livorno, founded by Francesco de Larderel, commenced the comparatively large-scale industrial exploitation of the boric waters by setting up a factory at Montecerboli. Between 1818 and 1835, eight more factories were set up at Castelnuovo Val di Cecina, Sasso Pissano, Serrazzano, Lustignano, Lago, and Monterotondo Marittimo. In 1819, the first tons of boric acid extracted at Monterotondo are put on the market.

1818 La Società de Larderel di Livorno, fondata da Francesco de Larderel, iniziò l'utilizzo industriale su larga scala delle acque boriche, impiantando una fabbrica a Montecerboli. Tra il 1818 e il 1835 si aggiunsero altre otto fabbriche a Castelnuovo Val di Cecina, Sasso Pisano, Serrazzano, Lustignano, Lago e Monterotondo Marittimo. Nel 1819 le prime tonnellate di acido borico estratte a Monterotondo furono commercializzate.

1827 For the first time, the brilliant device of the "covered Lagone" enabled Francesco de Larderel to replace the use of wood as a thermal agent by

channeling natural steam underneath the boilers to evaporate the boric waters. This important breakthrough let to rapidly increased production of Boric Acid and opened up new horizons for the use of endogenous steam. The "covered Lagone" was later to become the trademark of the company Larderello S.p.A.

1827 Per la prima volta la soluzione geniale del 'Lagone Coperto' permise a Francesco de Larderel di rimpiazzare l'uso del legno come materia prima per il calore incanalando i vapori naturali fin sotto alle caldaie di evaporazione delle acque boriche. Questa importante innovazione portò ad una produzione di acido borico accresciuta in poco tempo e schiuse nuovi orizzonti per l'utilizzo dei vapori naturali. Il 'Lagone Coperto' divenne successivamente il marchio di fabbrica della Società Larderello S.p.A.

1828 Despite the skepticism and opposition of some of the scientists against systematic prospecting for steam underground, which they regarded as impracticable and dangerous, Francesco de Larderel laid the foundations for the art of drilling for steam. In 1832 the first wells were drilled to increase water and steam production.

1828 Nonostante lo scetticismo e l'opposizione di alcuni scienziati verso la ricerca sistematica di nuovi pozzi sotterranei di vapore, ritenuta impraticabile e pericolosa, Francesco de Larderel gettò le fondamenta della tecnica di trivellazione. Nel 1832 furono scavati i primi pozzi per aumentare la produzione di acqua e vapore.

1842 The installation of caldaie adriane or "Adrian" boilers that exploit natural steam more efficiently marked a significant advance in the evaporation of the boric waters. This type of boiler remained in use for over 100 years.

1842 L'istallazione di 'caldaie adriane' per un utilizzo più efficiente dei vapori significò un sensibile passo avanti nel sistema di evaporazione delle acque boriche. Questo tipo di caldaia rimase in uso per oltre 100 anni.

1846 In recognition of the work carried out by Francesco de Larderel, the Grand Duke Leopold II gave the name "Larderello" to the factory set up for the extraction of Boric Acid near the old castle of Montecerboli.

1846 In riconoscimento dell'opera di Francesco de Larderel il granduca Leopoldo II chiamò Larderello la fabbrica per la produzione di acido borico insediata presso il vecchio castello di Montecerboli.

1848

"District heating" or the heating of buildings with natural steam, was developed. By 1870, steam is also used to produce mechanical energy. In the same year, prices of Boron products plummet due to the discovery of large borax deposits in Death Valley, California.

1848 Venne sviluppato il 'riscaldamento territoriale' o riscaldamento domestico con vapori naturali. Nel 1870 il vapore venne utilizzato per la produzione di energia meccanica. Nello stesso anno i prezzi dei prodotti borici crollarono per la scoperta di vasti depositi di borace nella Death Valley in California.

1894 Ferdinando Raynant, Director of the de Larderel factories, designed the first 8 HP tubular boiler fed by endogenous fluid. Produced by the Pineschi engineering works of Pomerance, this was used to drive machinery such as mills, centrifuges and stirrers for chemical factories.

1894 Ferdinando Raynant, direttore delle fabbriche de Larderel, progettò le prime caldaie tubolari a 8 HP alimentate a vapore. Prodotte dagli stabilimenti Pineschi a Pomarance, furono utilizzate per muovere macchinari quali mulini, centrifughe e miscelatori per le industrie chimiche.

1900 In addition to its use in pumping boric waters, natural steam was harnessed to drive special winches for drilling equipment and pumps. Considerable advances were made in plant design, production and trade. A range of boric and ammoniac derivatives was produced and the chemical industry achieved international renown. Initially concentrated in the vicinity of the natural jets, drilling operations were extended throughout the boraciferous region and new levels of technical advance were achieved in the design of drilling equipment.

1900 Oltre all'impiego per le pompe delle acque boriche, il vapore naturale fu impiegato per azionare argani speciali per le macchine di trivellamento e pompaggio. Molti progressi furono compiuti nella pianificazione degli impianti, della produzione e del commercio. Iniziò inoltre la produzione di una vasta gamma di derivati di ammonio e di borace e l'industria chimica raggiunse fama internazionale. Inizialmente concentrati nelle aree vicine ai soffioni, le operazioni di trivellamento si diffusero per tutta la regione boracifera e nuovi progressi tecnologici furono fatti nella progettazione di trivelle.

1904 On July 4, Piero Ginori Conti, Managing Director of Larderel and Company, succeeded in illuminating five electric light bulbs by means of a HP reciprocating engine coupled with a small dynamo, thus using endogenous sources of steam energy to produce electricity.

1904 Il 4 luglio Piero Ginori Conti, direttore della Società de Larderel, riuscì ad illuminare 5 lampadine con un motore a corrente alternata ed una piccola dinamo, utilizzando fonti di energia geotermica (vapore) per produrre elettricità.

1905 A 40 HP "Cail" reciprocating engine was installed coupled with a 20 kW dynamo. For many years, this system was to function with regularity to provide electricity to illuminate the Larderello factory and to drive the first low powered electrical motors. The firm was joined in the same year by the engineer Plinio Bringhenti, whose name was later linked not only with research in the chemical and thermal fields but also with the first geothermal power station at Larderello and subsequent developments in this sector.

1905 Venne istallato un motore alternativo da 40 HP ('Cail') unito ad una dinamo da 20 kW. Per molti anni questo sistema dovette funzionare con continuità per fornire elettricità per l'illuminazione della fabbrica di Larderello e per azionare i primi motori elettrici a basso voltaggio. Lo stesso anno nella società giunse Flavio Bringhenti, il cui nome più tardi fu legato non soltanto alle ricerche in campo chimico e geotermico ma anche alla prima centrale elettrica geotermica di Larderello e al successivo sviluppo del settore.

1912 The "Società Boracifera" di Larderello replaces F. De Larderel & Co. Work began on the construction of

**Drilling rig used from 1860 to 1915
(maximum capacity 150 m)**

Impianto di trivellazione utilizzato
dal 1860 al 1915 (capacità
massima 150 m)

Geothermal Power Station 1. Given the particularly aggressive chemical and physical characteristics of the endogenous steam and the total lack of plants, studies and experience anywhere in the world, many problems had to be overcome in order to achieve its operation.

1912 La 'Società Boracifera di Larderello' sostituisce la 'F. de Larderel & Co.'. Iniziò la costruzione della centrale geotermica Larderello 1. Date le caratteristiche chimiche e fisiche particolarmente aggressive dei gas geotermici e la mancanza a livello mondiale di impianti, studi ed esperienza nel settore, si dovettero superare notevoli problemi per raggiungere lo scopo.

1913 The first Tosi-Ganz 250 kW turbo alternator driven by secondary steam came into service, making chemical exploitation profitable again because of the availability of large amounts of boric solution from condensation of the steam to generate electricity. The following year the connection of the station to the distribution lines of Volterra and Pomerance was achieved.

1913 Fu messo in funzione il primo turbo alternatore Tosi Ganz da 250 kW alimentato da vapore indotto, rendendo nuovamente vantaggioso l'utilizzo delle sostanze chimiche data la grandissima disponibilità di soluzioni boriche derivate dalla condensazione dei vapori impiegati per la produzione di elettricità. L'anno successivo si realizzò la rete di Volterra e Pomarance connessa alla centrale.

1944 War events cause the destruction of all plants. The power of the Larderello stations had reached 136,800 kW, with an annual production of over 900 million kW, but after the war all activities in the chemical and electrical fields were reduced to almost zero.

1944 La guerra provoca la distruzione di tutti gli impianti. La potenza delle centrali di Larderello aveva raggiunto 136.800 kW, con una produzione annuale di oltre 900 milioni di kW, ma dopo la guerra tutte le attività in campo elettrico e chimico furono pressoché ridotte a zero.

1950 Reconstruction of the stations damaged in the war was accompanied by the building and activation of a new installation, the most modern and powerful

geothermal power station in the world.

1950 La ricostruzione delle centrali danneggiate in guerra fu accompagnata dalla costruzione e messa in funzione di una nuova centrale, la più moderna e potente in tutto il mondo.

1959 The total capacity of the Larderello power stations, including those in operation in peripheral areas, reached 300,000 kW. Over 2 billion kW were produced in this year. Production began on two new geothermal fields, Bagnore and Piancastagnaio, situated outside the traditional boraciferous area, in the region of Mount Amiata. The extraction of boric acid becomes unprofitable and ends in the 1960s.

1959 La capacità complessiva delle centrali di Larderello, comprese quelle localizzate in aree periferiche, raggiunse i 300.000 kW. Furono prodotti oltre 2 miliardi di kW in questo anno. Iniziò inoltre la produzione in due nuove aree geotermiche, Bagnore e Piancastagnaio, situate esternamente all'area boracifera tradizionale, nel territorio del Monte Amiata.

1971 The old view that the Travale area no longer possessed and any geothermal interest was revolutionized by the explosion of Travale 2, also known as the "soffione della speranza" or "well of hope," the most powerful geothermal well ever drilled in Italy. A station fed solely by this well was rapidly built and started production in 1973.

1971 L'antica vista che l'area di Travale non possedeva più e tutto l'interesse per la geotermia furono rivoluzionati dalla esplosione di Travale 2, conosciuto anche come il 'soffione della speranza', il getto più potente mai realizzato in Italia. Una centrale alimentata solamente da questo pozzo fu presto costruita e iniziò a produrre nel 1973.

1983 The declining steam characteristics of the Larderello field led to research on geothermal field phenomenon. It was deemed necessary to begin to recharge the Larderello reservoir, by reinjecting the geothermal waters. Several projects (exploration, development, and renewal) aimed at optimizing field management were launched. A standardized 60 MW variable pressure turbine of simple conception, high efficiency, rapid installation, and flexible operation was designed and developed.

1983 Il peggioramento delle qualità dell'area di Larderello portò alla ricerca nel settore dei fenomeni geotermici. Si ritenne necessario iniziare a ricaricare le riserve di Larderello reintroducendo l'acqua geotermica. Furono lanciati diversi progetti (esplorazioni, sviluppo, rinnovamento) finalizzati all'ottimizzazione della gestione del territorio. Fu progettata e realizzata una turbina standard a pressione variabile da 60 MW, molto efficiente, dalla rapida istallazione e flessibilità operativa.

1993 Enel is privatized and becomes Enel S.p.a., a joint-stock company. The "Programma 2000" led to the start up of two new 60MW units at Valle Secolo as well as construction of a third.

1993 Enel viene privatizzata e diventa Enel S.p.a., una società per azioni. Il "programma 2000", ha portato a impiantare due nuove unità da 60MW a Valle Secolo e alla costruzione di una terza.

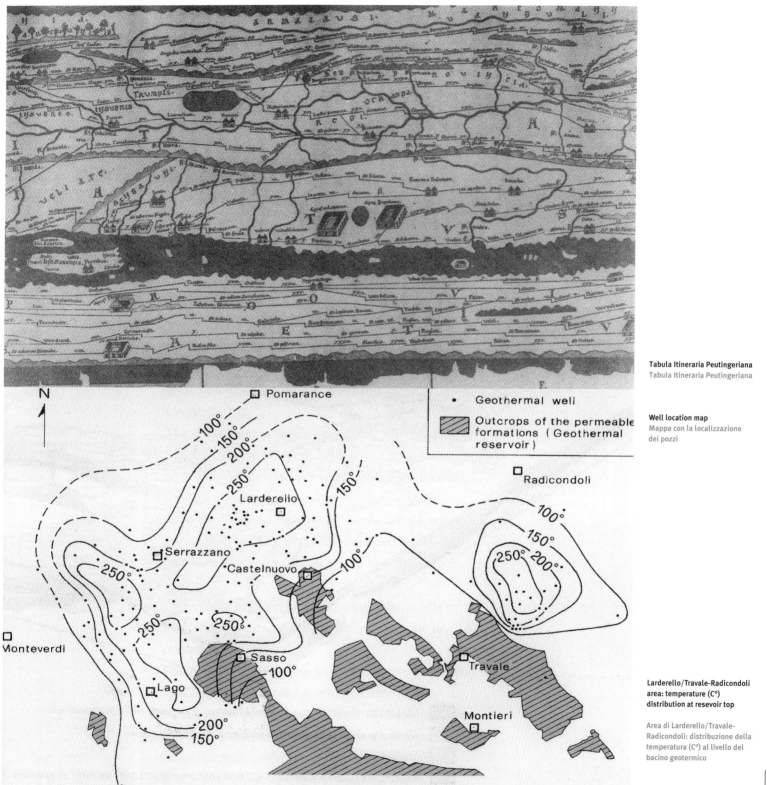

Tabula Itineraria Peutingeriana
Tabula Itineraria Peutingeriana

Well location map
Mappa con la localizzazione dei pozzi

Larderello/Travale-Radicondoli area: temperature (C°) distribution at resevoir top

Area di Larderello/Travale-Radicondoli: distribuzione della temperatura (C°) al livello del bacino geotermico

Lucio Carbonara, director, department of regional and urban planning, "la Sapienza" university, Rome
Lucio Carbonara, presidente del dipartimento di pianificazione territoriale e urbanistica, univerità "la Sapienza"

The cultural, economic and social landscapes of Larderello
Il paesaggio culturale, sociale ed economico di Larderello

Larderello new town
La città nuova di Larderello

Often executives spend much more time expediting the realization of utility projects than evaluating and approving the necessary funding, while public authorities and citizen groups put more passion into opposing such projects than they do investing in understanding the potential (often unintentional) benefits of these projects. The result is usually contempt from both sides and a lost opportunity to cultivate urban planning, cultural development, and social partnerships with investors. Facility design, landscape effects, and social impact are areas where the utility companies have invested little research to date. Urban planning is indeed a science for specialists, one that requires vision and a good dose of creativity. Planners often propose solutions that cannot be immediately appreciated from the final users. In the most sensitive locations a good architect can provide solutions that address the landscape issue and mediate building and environment, easing the impact of new construction.

Public safety and the quantity and effects of pollution are of reasonable concern for local communities that host these utility projects, even if technology has evolved to mediate these effect is in many cases. Better communication, in the form of information campaigns, and proper and prompt responses to these concerns is needed to ease the debate over new power plant installations. Utilities are now much more organized to present their cases and, more importantly can innovate upon and describe the technology that addresses most public expectations. Overall, better communication, as well as better design and technology, will enable both the community and the utility companies to begin to envision these projects as new positive developments.

The local tax and job-creation benefits that result from new facility construction often compensates for the associated burdens of hosting a new facility. In today's troubled economy, however, utilities do not plan new greenfield power plants; they update old sites by converting to more advanced technology that involves fewer personnel on the site and less square footage. Local utilities restructure or relocate their operations, while in the meantime less reciprocal benefits are offered in terms of employment and value to the local community. Industry authorities and the general public are not very efficient or successful in negotiating this type of situation, and the community is left without a say in the process. However, there could be unique opportunities to develop a win-win

Spesso chi gestisce un'azienda impiega più parte del proprio tempo nella definizione dei progetti per la realizzazione di impianti piuttosto che nell'eseguire valutazioni e nell'approvazione dei fondi necessari agli investimenti. Le Autorità Pubbliche e le Associazioni di Consumatori si scontrano con maggior passione per imporre ciascuno i propri progetti piuttosto che investire nella comprensione dei loro potenziali vantaggi (spesso non cercati).

Ne consegue da entrambe le parti un velato disprezzo e la mancata opportunità di avvantaggiarsi di nuovi investimenti per realizzare nuovi progetti di sviluppo urbano, crescita culturale e legami sociali con gli investitori. La progettazione degli impianti, l'impatto sociale e sul paesaggio invece, sono settori ove a tutt'oggi è stato investito pochissimo in termini di ricerca. La progettazione urbanistica è disciplina altamente specializzata, che richiede una visione in prospettiva e una certa dose di creatività, proponendo spesso soluzioni che non possono essere immediatamente apprezzate dagli utenti finali. Nelle situazioni ambientali più delicate ove debbono essere installati gli impianti, un buon architetto è in grado di suggerire soluzioni che rispondono all'istanza di rispetto del paesaggio e di trovare un compromesso tra le esigenze della progettazione e dell'ambiente, facilitando l'inserimento della costruzione nel territorio.

I problemi della sicurezza e dell'impatto ambientale sono preoccupazioni giustificate per le comunità locali che dovrebbero ospitare questi progetti, nonostante la tecnologia abbia la capacità di risolvere in molti casi i problemi in modo soddisfacente. Una migliore comunicazione, campagne d'informazione appropriate, preoccupazioni e richieste indirizzate correttamente, possono contribuire a facilitare il dibattito sull'istallazione di una nuova centrale. Le aziende di servizi sono oggi molto più nel impegnate per presentare i propri programmi e, ancora più importante, nel comunicare le problematiche della tecnologia, indirizzando l'informazione verso le attese dell'opinione pubblica. In generale una migliore comunicazione così come una migliore progettazione e una tecnologia più innovativa, potranno permettere sia alle comunità che alle aziende di iniziare a considerare questi progetti come nuove opportunità di sviluppo.

situation, and the Larderello Project is a clear example.

Landscape is a business in Tuscany like no other place in the world, and geothermal power is central to Larderello like no other place in the world. Here 35 power plants and hundreds of miles of steam pipelines cut through the countryside and fill the scenery with plumes and cooling towers, while in the surrounding traditional Tuscan area millions of tourists visit every year the medieval towns, take in the incredible hill sceneries, go horseback riding in the woods and tour the Chianti wineries, without knowing that this incredible valley of Larderello exists.

Larderello has functioned as an industrial site since Napoleon, and by the 1930s generated up to 20% of Italy's electric power. It developed as a typical company town, with 5000 employees at its peak. People moved with their families from the Amiata region, a hundred miles south in search of factory jobs. All of the economic activity in the valley was generated by geothermal operation, and until recently no one ever questioned the impact of pipes, drilling stations, and power plants on the landscape. In the 1950s Larderello village was redesigned by Giovanni

Il pagamento di imposte locali e la crescita dell'occupazione spesso compensano gli oneri legati alla costruzione di nuovi impianti. Purtroppo però, nella problematica situazione economica odierna, le società non progettano più nuovi impianti; esse riammodernano quelli esistenti, convertendoli spesso a tecnologie avanzate che impiegano un minor numero di addetti e occupano minori superfici. D'altra parte, le piccole aziende locali ristrutturano o riposizionano le loro funzioni: i vantaggi economici indotti sul territorio risultano allora minori sia in termini di nuova occupazione, che di sviluppo. In questo contesto l'industria, i responsabili politici e la gente sono persino meno in grado di trattare. Stranamente ci potrebbero essere occasioni uniche per sviluppare una situazione favorevole per entrambe le parti, ed il progetto per Larderello ne è un esempio lampante. Il mondo dell'industria e della politica generalmente non gestisce in modo efficiente e risolutivo queste situazioni. La comunità non viene considerata interlocutrice in questo processo. Comunque una soluzione vincente per tutti è possibile e il progetto

Larderello new town/La città nuova di Larderello

Larderello housing/Edilizia pubblica a Larderello

Michelucci, which stands today as one of the last major company towns realized in Europe. His plan consisted of high-rise buildings and townhouses, pedestrian routes, gardens, sports centers, and a futuristic church that provided a unique setting for company workers.

Eventually progress came in the form of factory automation that brought about a fivefold reduction of workforce within 20 years. The village began to empty out, and there were less job opportunities for young people, with a smaller portion of the wealth generated by the geothermal operation and benefiting local population. Old powerhouses were replaced by modern ones and unused pipes rusted. More attention began to be paid to the traditional landscape in the surrounding towns, as less appreciation existed for the Larderello utility operations. Neighboring valleys started to grow their economy with tourism, which triggered foreign investments in land and villas.

Today Enel, the major electric utility in Italy and owner of the Larderello fields, has an innovative approach to these issues: rather than wait for future problems to arise, Enel brought in urban designers to brainstorm for ideas about how to highlight the site's unique social, economic, and landscape aspects. Because it has to focus exclusively on its core business, Enel did not have money or human resources to invest in the project, but began to share these thoughts with the Columbia University Urban Design Program, Università di Roma "La Sapienza," and the Università di Firenze. The projects and essays in this book represent the initial results of this important and interesting conversation about the cultural, economic, and social potential of Enel's properties in the Larderello area.

di Larderello potrebbe esserne un chiaro esempio.

Non c'è altra terra al mondo che la Toscana dove il paesaggio significa economia; e la geotermia è centrale a Larderello come in nessun altro posto al mondo. Qui sono concentrati 35 impianti di produzione di energia elettrica con centinaia di chilometri di vapordotti che ne solcano il paesaggio e lo riempiono di torri di raffreddamento. Intorno, nella tradizionale campagna toscana, milioni di turisti visitano ogni anno borghi medievali, godono di meravigliosi paesaggi collinari, frequentano i centri di equitazione e degustano i vini famosi del Chianti, spesso ignorando l'esistenza dell'incredibile valle di Larderello.

Larderello è stato centro industriale dall'epoca Napoleonica; negli anni '30 del secolo XX era in grado di produrre fino al 20% dell'energia elettrica italiana. Si è sviluppata come tipica città industriale legata ad un'unica compagnia, con 5000 addetti nel momento di maggior espansione. Tutta l'economia della vallata si è sviluppata grazie alla geotermia, senza che mai, fino a tempi più recenti, qualcuno si ponesse il problema dell'impatto visivo sul paesaggio dei tubi, delle stazioni di perforazione e degli impianti. Negli anni '50 del '900 il villaggio di Larderello fu riprogettato da Giovanni Michelucci, una delle più grandi *company towns* realizzate in Europa. Edifici alti e palazzine, percorsi pedonali, giardini, aree sportive attrezzate, avveniristiche architetture di chiese, un ambiente unico per i lavoratori locali.

In seguito, con il progresso l'automazione degli impianti ha progressivamente ridotto la capacità di occupazione, di cinque volte in 20 anni; il villaggio si è svuotato per la conseguente disoccupazione giovanile e solo una piccola parte della ricchezza prodotta con la geotermia ha portato vantaggi alla popolazione locale. Le centrali vecchie sono state sostituite con alter nuove, mentre le tubazioni in disuso sono andate in malora. Diminuendo l'interesse per la grande industria geotermica, è cresciuta l'attenzione per il paesaggio dei dintorni; le vallate circostanti hanno attratto investimenti nel settore del turismo sia nelle campagne che nelle città.

Oggi Enel, la maggiore azienda per l'energia elettrica in Italia e proprietaria a Larderello anche del suolo, ha avuto un approccio unico: piuttosto che attendere che nel futuro frustrazioni e scontento venissero sollevate, ha chiesto agli urbanisti e agli architetti di produrre idee per fare emergere l'unicità del luogo come valore sociale, economico e paesaggistico: avendo come unico obbiettivo il proprio sviluppo, Enel non ha potuto investire né capitali né risorse umane proprie per la progettazione, ma ha condiviso i propri pensieri con l'Università di Roma "la Sapienza", l'Università di Firenze e la Columbia University.

I progetti e gli interventi di questo libro non sono che primo risultato di questa importante e interessante confronto sul potenziale economico, sociale e culturale di Larderello.

Projects
Columbia University Urban Design Program

Progetti
Corso di specializzazione in Disegno Urbano della
Columbia University

Larderello branded
Larderello D.O.C.
Yu-Heng Chiang, Cheng-Hao Lo

Incremental transformations
Trasformazioni graduali
Sei Yong Kim, Sangwoo Lee, Li Lei, Stephanie Park

Pulsating networks
Sistemi dinamici
Yu Chia Hsu, Amoreena Roberts, Kratma Saini, Pavi Sriprakash

Ecological Networks for Enhancing Larderello
Sistemi ecologici per lo sviluppo di Larderello
Sari el Khazen, Samuel Hsiang-Min Huang, Keerthi Kobla, Josephine Leung

Art + Architecture + Infrastructure
Arte + Architettura + Infrastrutture
Belisario Barchi, Emmanuel Pratt, Peter Sun

Urban alterations
Alterazioni urbane
Saul Hayutin, Ricardo Romo-Leroux, Alfonso Nieves-Velez

Richard Plunz

As soon as we arrived in Rome on Thursday, February 6, it was clear that the scope of our study would not begin and end with the future of several geothermal sites in Tuscany. The originator of the project, Paolo Pietrogrande, then still CEO of Enel GreenPower, immediately took our group to the Montemartini Museum. This site was the first electric generation plant in Rome and has recently been restored. The original machine hall with its enormous diesel engines is now the setting for 400 sculptures from the Capitoline Museums, organized in three periods related to the evolution of the ancient city. Ancient culture, modern science, and urban development are interrelated in a powerful admixture which, Pietrogrande would have us understand, might be the starting point for our approach as well. To my mind, his passion for engineering as cultural enterprise had a certain resonance with the Futurism of Antonio Sant'Elia and other Italians at the turn of the 20th century engineering as a multi—layered transformative force deep within our culture, including profound connections to urbanism. When questioned, Pietrogrande admitted to a great interest in Sant'Elia, and perhaps this sensibility was an important starting point for the site briefings that he organized.

During our first day at Larderello, Friday, February 7 we were introduced to a number of points along the southern section of the Val di Cecina. We had our first views of the "valley of the devil," so known for centuries from its great plumes of steam, which at least in folkloristic accounts, had influenced Dante Alighieri such that the area became the inspiration for The Inferno. Through this series of "mobile briefings," Larderello, which functions as the nexus of modern geothermal activities, was placed within an immediate historic geographic context. This survey introduced the extreme diversity and complexity of extant conditions and planning issues within the southern micro region. The northern section would be covered several days later.

These briefings included a sampling of the Enel facilities, which in themselves represent an extraordinary range

Setting the stage: notes from along the Val di Cecina
Preparando lo scenario: annotazioni dalla Val di Cecina

Appena giunti a Roma, giovedì 6 febbraio, fu subito chiaro che l'argomento del nostro studio non si sarebbe limitato al futuro dei diversi siti geotermici della Toscana. L'ideatore del progetto, Paolo Pietrogrande, ex amministratore delegato di Enel GreenPower, ci portò immediatamente alla Montemartini, la prima centrale elettrica di Roma, recentemente restaurata, ora museo. L'antica sala macchine, con i suoi motori Diesel, funge ora da contenitore per 400 sculture dei Musei Capitolini, organizzate in tre periodi in relazione allo sviluppo della città antica. Cultura antica, scienza moderna, sviluppo urbano, un insieme molto significativo che Pietrogrande desiderava farci conoscere perché fosse il punto di partenza anche del nostro studio. Questa sua passione per l'ingegneria quale veicolo culturale mi ha ricondotto al futurismo di Sant'Elia e degli altri italiani dell'inizio del XX secolo, ingegneria come forza capace di trasformare a diversi livelli e in profondità la nostra cultura, anche nei legami stretti con l'urbanistica. Pietrogrande ammetteva il suo grande interesse per Sant'Elia e forse questa sua sensibilità era l'importante inizio del programma di visite sul posto da lui organizzato.

Il primo giorno a Larderello, venerdì 7 febbraio, siamo stati a visitare numerosi luoghi della zona a sud della Val di Cecina. Abbiamo avuto le nostre prime vedute della 'Valle del Diavolo', conosciuta da secoli con questo nome per i suoi pennacchi di fumo; essi hanno influenzato Dante, tanto che, secondo la tradizione, l'area è divenuta l'ispirazione del suo 'Inferno'. Attraverso questa serie di 'incontri in movimento', Larderello, che è il centro della moderna attività geotermica, è stata subito collocata nel suo immediato contesto storico geografico. Questa visita ci ha introdotto all'estrema complessità e diversità delle attuali condizioni e delle esigenze di pianificazione della sotto-area meridionale. Quella settentrionale sarebbe stata esplorata alcuni giorni dopo.

Questi sopralluoghi hanno incluso anche la visita ad alcuni impianti Enel, essi stessi una straordinaria casistica di situazioni e problematiche. Tra di essi, numerose costruzioni monumentali e abbandonate, come la centrale di Larderello 3, del 1950, con le sue enormi torri di raffreddamento; poi, quella di ValleSecolo, progettata da Aldo

of conditions and issues. Included were diverse facilities such as the monumental and abandoned 1950's power plant Number 3 at Larderello with its great gravity-fed cooling towers; in contrast to the relatively recent Valle del Secolo power plant designed by Aldo Rossi, with its state-of-the-art mechanical cooling system, certainly somewhat less imposing on the landscape, and equally less interesting. On this and many such subsequent visits, Pierdomenico Burgassi, [former] director of the Enel facilities at Larderello, was a limitless resource for historical and technical information, his family having had a long involvement with the area over many generations. Perhaps for this reason he was quick to point out the socio-technological conundrum which was the under lying reason for our presence there—the great complexity of the "Geothermal Enterprise," in terms of scientific, historic and social impact. Whereas in the 1950s, when Plant Number 3 was constructed, perhaps 75 workers would be needed to control the system, now the same task could be done by only a few persons. In general, Burgassi's personal interests were invaluable to us as outsiders, providing insights to an area which to many of us seemed far more interesting for what it was not, touristically speaking, than for what the scant promotional brochures attempt to conjure up. Certainly the presence of the cooling towers and the networks of the bright metallic steam pipes illustrate one such interest. The towers, for example, are remarkable eight or ten story objects in the landscape with unimaginable interior spaces normally never seen by the public. We were fascinated. It turned out that the towers also hold a great fascination for the local population. Rather than "industrial blight" on this rolling landscape of medieval villages and farms, they are simply seen as another layer—perhaps even an improvement over the previous layers, and proud symbols of an important livelihood— offering the fascination of a modern Dantesque landscape. The towers cool the spent steam to the point at which it can be returned to the underground as a liquid. Their well-intentioned replacement with more modern and discreet mechanical systems seems unnecessary in the end—even without virtue. At one of our stopping points, Monterotondo Marittimo at the southern most end of the valley, the old hill top fabric and nearby modern cooling tower seemed entirely complimentary.

Rossi e relativamente recente, con un sistema di raffreddamento avanzato, certamente meno imponente dal punto di vista ambientale ma anche meno interessante. In questa e nelle numerose visite successive, Pierdomenico Burgassi, direttore scientifico del Museo della Geotermia di Enel a Larderello, è stato una fonte illimitata di informazioni tecnologiche e tecniche; la sua famiglia è inoltre impegnata da molte generazioni nell'area. Forse per questo egli ha saputo abilmente evidenziare la stranezza sociale e tecnologica che è per noi la ragione nascosta della nostra presenza qui: la complessità dell'"Azienda Geotermia' sotto tutti gli aspetti, da quello scientifico a quello storico, all'impatto sociale. Ad esempio mentre negli anni '50, quando fu costruita la centrale Larderello 3, erano necessarie 75 persone per il suo funzionamento, ora lo stesso incarico sarebbe svolto solo da pochi tecnici. In generale, gli interessi personali di Burgassi erano preziosi per noi esterni, poiché svelavano aspetti di un'area che a molti di noi appariva molto più interessante di quanto i depliant promozionali, turisticamente parlando, cercavano di evocare. La presenza delle torri di raffreddamento e la rete di tubazioni metalliche scintillanti ne illustrano bene tale interesse. Le torri, per esempio, sono oggetti notevoli nel paesaggio, alte otto o dieci piani, con spazi interni inimmaginabili, normalmente non accessibili al pubblico. Ne siamo rimasti affascinati. È venuto fuori che piacciono anche a molta gente del posto: invece di essere percepiti come 'oltraggio industriale' al paesaggio collinare dei villaggi medievali e dei casali, sono considerate una stratificazione ulteriore, quasi un miglioramento delle precedenti, simboli orgogliosi di significativa vivacità, che forse offrono il fascino di un moderno paesaggio dantesco. Le torri raffreddano il vapore condensato per utilizzarlo per condensare altro vapore, infine l'acqua viene reiniettata nel serbatoio di provenienza. La loro sostituzione con sistemi più moderni e discreti, seppure giustificata da buone intenzioni, sembra alla fine non necessaria, anzi non virtuosa. In una delle nostre soste, a Monterotondo Marittimo, nella zona più a sud della valle, la vecchia struttura del paese collinare e la moderna torre di raffreddamento posta accanto sembrano del tutto complementari. A Monterotondo, Lara Pippucci, una studiosa locale, ci ha trasmesso la sua conoscenza appassionata della millenaria storia del luogo, ma subito ha posto la domanda su quale è il futuro per questa storia, domanda

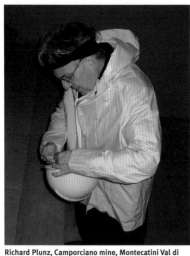

Richard Plunz, Camporciano mine, Montecatini Val di Cecina/Richard Plunz, nella miniera di Camporciano, Montecatini Val di Cecina

At Monterotondo, Lara Pippucci, a local historian, recited from his passionate knowledge of a millennia of local history, but before too long he arrived at the question of the future of the past which of course came to dominate discussion in all of the old historic centers, and it was quickly obvious the broad range of "histories" to be recounted and reinterpreted. From the Etruscans comes the basic infrastructure and settlement pattern reinforced and sublimated over the centuries. Included are the archeological sites of the hot springs at Bagnone near Sasso Pisano, a large and important center in the pre-Roman world, now under excavation. It has its devotees like archeologist Clara Ghirlandini who described efforts to reinforce the importance of the site today. Not far away was Lagoni Rossi, another geothermal site - a church and a few houses developed in the last century and now abandoned - also posing the question of "what to do with it?" Then there is Serrazzano, the medieval hill town on a Roman site, semi-abandoned until now. It begins to show evidence of a first wave of re-occupation worth noting - a gentrification in part attributed to its location just 40 minutes from the seashore.

On Saturday, February 8, we began our days of formal briefings in the auditorium of the Museo della Geotermia di Larderello (Geothermal Museum). Paolo Pietrogrande's introduction began with the cautionary note that technology had its many layers even in Larderello - and that its real origins involved the chemistry business, with power generation coming rather late in 1904. As we discovered, the "chemistry business" could be traced back to the Etruscans. The cultural offspring of the geo-thermal activity reaches to recent times, not the least of which is Giovanni Michelucci's modernist new town of the 1950's, with his masterpiece Parish Church. In 1962, the local electric company, the Società Larderello S.p.A., like all private Italian electric utilities, was nationalized into Enel. Now perhaps it is the half-empty Larderello new town, which most clearly symbolizes the transition of the area from that era of labor-intensive electric production to the present high degree of automation. Pietrogrande pointed out that the present transition at Larderello is more reflective of certain "dispersal" from a Larderello focus, rather than a singular absolute "loss;" and in fact, area industry has grown at 5.5 percent per year compounded over the last ten years. Again, he emphasized that there is the problem of stagnation - of under used

divenuta ripetuto oggetto di discussione in tutti i centri storici. Naturalmente la gamma di 'storie' da raccontare e reinterpretare è stata assai varia. Dagli Etruschi viene il disegno base delle infrastrutture e degli insediamenti, arricchito e sublimato con il tempo. Tra i siti archeologici visitati, quello presso Sasso Pisano delle sorgenti termali di Bagnolo, vasto e importante centro del mondo preromano, oggi in corso di scavo. Tra i suoi ammiratori l'archeologo Clara Ghirlandini, che ha spiegato gli sforzi necessari a valorizzare oggi il sito. Non lontano da lì, ai 'Lagoni Rossi', altro sito geotermico: il secolo scorso è stata costruita una chiesa e alcune case, ora abbandonate, che pongono anch'essi la domanda: cosa farne? Poi c'è Serrazzano, una cittadina medievale di collina, costruita su un sito romano, dove il centro storico era stato in parte abbandonato e ove si verifica un fenomeno di rioccupazione significativa, in parte forse attribuibile alla sua localizzazione ad appena 40 km dal mare. Da sabato 8 febbraio sono iniziate le comunicazioni teoriche nell'auditorio del Museo della Geotermia di Larderello. Ha introdotto Paolo Pietrogrande che ha sottolineato che la tecnologia ha avuto le sue stratificazioni anche a Larderello – le sue vere origini sono dovute all'industria chimica mentre la produzione elettrica è giunta piuttosto tardi, solo nel 1904. Abbiamo scoperto che 'l'industria chimica' può essere rintracciata fin dagli Etruschi. L'attività geotermica poi si evolve fino ai giorni nostri e Giovanni Michelucci, con la sua realizzazione della città razionalista degli anni '50, ne è un esempio non minore, con il capolavoro della chiesa parrocchiale di Larderello. Nel 1962 la compagnia elettrica locale, la Società Larderello S.p.A., come le altre società elettriche private italiane, è stata nazionalizzata e incorporata in Enel. Oggi la città svuotata di Larderello simboleggia, forse in modo esemplare, la trasformazione dell'area, dal tempo della produzione elettrica ad alto impiego di mano d'opera a quello attuale con alto livello di automazione. Pietrogrande ha sottolineato che la fase attuale di transizione a Larderello è significativa di una 'perdita' specifica della città e non di una perdita in termini assoluti, poiché negli ultimi dieci anni l'attività industriale della zona è cresciuta del 5.5% ogni anno. Inoltre, ha posto in evidenza il problema della stagnazione di infrastrutture sottoutilizzate, le officine Enel, per esempio, che potrebbero essere utilizzate di più, forse quali centri di manutenzione per altre società. Interessante, come precedente, il fatto che di recente è iniziata la produzione di turbine eoliche.

infrastructure like the Enel "shops," which could be put to a higher use, perhaps as a research base for other companies. Of interest, as a precedent, is the shop that recently has begun producing wind turbines. Pietrogrande was followed by the economist, Federico Simoncini, affiliated with the principal regional bank, the Cassa di Risparmio di Volterra. He began with further elaboration on the "stagnation" question, emphasizing that for Tuscany "beauty is not enough." He noted that Tuscany's 6.7 percent yearly economic growth is lower than the national average and lower than Central Italy's as well. And the 5.5 percent figure for the Val di Cecina is even lower. For Simoncini, the bright spots in the economic geography are industry and fashion in the Arno Valley, textiles in Prada, and machinery in several locations. Yet in 2002 all enterprise faced a difficult moment. In the Val di Cecina, apart from Enel, the main industries are tourism and craft production, primarily related to alabaster. Simoncini explained that from the 1970s onward, demand for alabaster has continually dropped. Back then, given a surge in large orders, the industry underwent a restructuring toward mass production. This demand then slacked off, such that the industry is left with mass production techniques and no market. Meanwhile, the artisanal content was lost, which was the attraction of alabaster in the first place. The industry is trying to recover, through rediscovery of highest quality, artisanal work, but Simoncini emphasized that it will take a long time to recover what was lost. This "new way" must go back to the roots of small scale and quality. Pietrogrande stressed the continuing importance of small business in Italy, which collectively makes the bulk of national production. By way of illustrating this point, Simoncini emphasized the general economic fragility of the region, especially with the projected growth rate of only one-half of the nation's average for the next two years. And while it is true that the local real estate market shows potential, he views real estate only as a kind of refuge, not capable of commodification. Basically, he argued that, for example, his bank the Cassa di Risparmio di Volterra feels the need for "something new" to invest in other than real estate, and this has led to a certain interest in the renewable energy business. Yet currently, the Larderello area is developing as a real estate market. In this the EC influence has been important, contributing to the nurturing of the country house

Dopo Pietrogrande ha parlato Federico Simoncini, dipendente della Cassa di Risparmio di Volterra, la principale banca della zona, il quale ha continuato ad approfondire il concetto di 'stagnazione', sottolineando che per la Toscana 'non basta il bello'. Ha precisato che la crescita del 6.7% annuo in Toscana è inferiore alla media nazionale e persino a quella dell'Italia centrale. Il valore del 5.5% relativo alla Val di Cecina è ancora più basso. Secondo Simoncini, le luci nella geografia economica sono l'industria e la moda in Valdarno, i tessuti di Prada, e la meccanica in diversi luoghi. Comunque, nel 2002 tutta l'industria ha passato un momento difficile. Nella Val di Cecina, oltre a Enel, le principali industrie sono il turismo e l'artigianato, soprattutto in rapporto alla lavorazione dell'alabastro. Simoncini ha spiegato che, dagli anni '70 in poi, la richiesta di alabastro è calata continuamente. All'epoca sommersa da grandi ordinativi, l'industria artigianale si è ristrutturata verso una produzione di massa. Poi la domanda è crollata ed essa ha mantenuto la stessa produzione, pur senza mercato. Allo stesso tempo si è perduto il 'contenuto artigianale', primo motivo di attrazione dell'alabastro. L'industria sta ora cercando di riprendersi con la riscoperta dell'alta qualità del lavoro artigianale, ma Simoncini ha affermato che ci vorrà molto tempo per recuperare ciò che si è perduto. La 'via nuova' deve rivolgersi all'indietro, verso la piccola scala e la qualità.

Pietrogrande ha posto in evidenza il valore di continuità della piccola impresa in Italia, che compone nell'insieme la parte più consistente del prodotto nazionale. Nell'illustrare questo aspetto, Simoncini ha sottolineato la grande fragilità economica dell'area, specialmente se si considera il tasso di crescita previsto, pari alla metà di quello medio nazionale per i prossimi due anni. E se è vero d'altra parte che il mercato immobiliare locale mostra uno sviluppo potenziale, la proprietà viene vista solo come un bene 'rifugio' e non come possibile 'incentivo'. In pratica obietta che la sua banca, per esempio, la Cassa di Risparmio di Volterra, sente il bisogno di qualcosa di nuovo su cui investire, al di fuori dei beni immobiliari e che ciò ha portato a un certo interesse per 'l'affare delle energie rinnovabili'. Per ora, tuttavia, in Toscana si sta sviluppando il mercato immobiliare. In ciò l'Unione Europea è stata fondamentale, contribuendo allo sviluppo del fenomeno delle case di campagna e specialmente dell'industria

Camporciano copper mine, Montecatini Val di Cecina
Miniera di rame di Camporciano a Montecatini Val di Cecina

phenomenon and especially the agri-tourism industry that is still evolving. There are now 15 million tourists per year in the Val di Cecina region, a number which is increasing yearly. Professionals are beginning to come and stay as second home owners.

Simoncini estimated that his bank has given out some 500 million Euros in mortgages, and 34 million Euros between just 1998 and 2000 alone. But he emphasized that the limitations of local infrastructure will act as a brake on this growth, the area being isolated as it is from both high-speed road and rail connections. By way of example, he cited a new road project from Siena to the seaside, which after many years is only 10 percent, completed. To his mind this delay is due to "local interference," or more precisely, "bureaucratic interference." But, of course, to put a superstrada through the heart of the ancient Etruscan hegemony would be expected to involve delays—not to mention the high construction cost involved with the difficult local topographic conditions. One could not help but reflect on the beauty of the drive as it is and of the fortunate opportunity to be able to take an extra moment to enjoy it.

Be that as it may, we were soon hearing from Gabriele Simoncini, who is from the International School of Graduate Studies in Pisa at the Scuola S.S. Anna. He is director of a new branch of the International School to be opened in Volterra with funding from the Scuola S.S. Anna, the Cassa di Risparmio di Volterra and the Volterra Cultural Foundation, together with 7 million Euros from the European Community. A new building is being constructed in Volterra to house the Institute. Simoncini connected this project to the need for a new cultural presence in the area—for "new players." He argued that while the area has a lot to offer, there is a lack of ideas about how to develop its resources, and that a "new mentality" is needed to get away from the time of the Renaissance, which in his view is where most minds are. His strategy in this regard involves the growing importance of globalization in education as cultural and economic generator. He emphasized that if the university is where knowledge is transferred, it must now be a global transfer, and it involves a broad spectrum of sources between many universities—not just bilateral agreements between two universities. He pointed to

agrituristica, ancora in fase di espansione. Ogni anno 15 milioni di turisti visitano la regione, un numero in aumento di anno in anno e professionisti cominciano a stabilirsi come proprietari di 'seconde case'.

Simoncini ha valutato una cifra di circa 500 milioni di Euro dati dalla sua banca in prestiti, 34 dei quali solo tra il 1998 e il 2000; ha sottolineato però che la limitatezza delle infrastrutture locali sarà un ostacolo a questa crescita, data la lontananza sia dalle grandi direttrici di traffico stradale che ferroviario. Ha citato ad esempio il nuovo progetto di strada da Siena al mare, completata dopo molti anni solo per il 10%. Secondo lui il ritardo è dovuto ad 'intralci locali' o meglio 'burocratici'. È normale comunque aspettarsi dei ritardi dovendo impiantare una superstrada nel cuore dell'antica Etruria – senza considerare gli alti costi di costruzione dovuti alla difficile topografia dell'area. Non resta che riflettere sulla bellezza dell'attuale percorso stradale e della grande opportunità per il turista di potersi concedere maggior tempo per goderlo.

Subito dopo abbiamo ascoltato Gabriele Simoncini, direttore di una nuova sede della Scuola Internazionale Superiore di Pisa che si inaugurerà a Volterra con fondi della Scuola Superiore Sant'Anna, della Cassa di Risparmio di Volterra SpA, la Fondazione Cassa di Risparmio di Volterra e della Comunità Europea (7 milioni di euros). Simoncini ha posto in relazione questo progetto con la necessità di 'una nuova presenza culturale' nell'area, per 'nuovi attori', obiettando che mentre la zona ha molto da offrire, mancano le idee su come sviluppare queste risorse, che una 'nuova mentalità' deve farsi strada per allontanarsi dall'era del 'Rinascimento', ove a suo parere molti sono rimasti fermi. La sua politica riguardo a ciò implica la sempre maggiore importanza data alla globalizzazione della scuola quale fonte di cultura (e di economia). Ha sottolineato che l'università è il luogo ove il sapere viene versato: che ora esso deve essere globale, tale da coinvolgere un ampia varietà di provenienze, come diverse università, non soltanto il gemellaggio di due. Ha segnalato inoltre l'importanza delle 'università di nicchia', in questa nuova formula che significa piccole istituzioni specifiche, con legami a livello internazionale.

Simoncini considera l'Unione Europea assai avanzata rispetto ai ministeri italiani, in termini di nuove idee, che implicano non solo competenza, ma anche 'attitudini mentali'. Dal punto di vista economico, i nuovi scambi

the importance of "niche universities" in this new formulation—that is, specific micro-scale institutions with global connections.

Simoncini credited the European Community as being far ahead of the Italian national government ministries in terms of these new ideas, which involve not just competence, but "mind set." On the economics side, in effect these new international exchanges create a new kind of industry. He sees the new Graduate School in Volterra as providing a synergy for innovative development ideas in the regions, and cited General Electric in Florence. GE is heavily invested in that region, and has opened a "cooperative university" there for exactly this reason. And just what could the new industry be? He cited the case of forestry and microrobotics at Pisa—and he mentioned in passing that in the local context even urban planning can be a growth industry. Relative to urban planning, he cited the "350 towns in Tuscan—of which all are needy." As one might have expected, the question followed as to "why Volterra" for the International School, rather than Florence, or perhaps another region altogether—even Monza near Milano, which he had also mentioned. He explained that recent changes in building laws contain incentives for creation of nonprofit bank foundations, which in turn nurture local initiatives like the International School in Volterra. Thus the local banking industry can be exploited such that very localized production assets, like crafts for example, can be juxtaposed with global contexts.

Gabriele Simoncini was followed by Patrizia Pietrogrande, an architect in Florence who presides over an innovative company for development and marketing of environmental projects. She related some of her experience with redevelopment of older industrial locations, most important the Ducati Factory in Bologna, a company that makes sophisticated hand-crafted motorcycles. For the Ducati project she was presented with a functioning factory that was in a phase of outsourcing and non-core production. Her presentation extended the discussion about handcraft and global exposure. In the Ducati case, a museum was built within the factory, in part as a marketing tool. Integral to the museum is the present-day production line, such that people are exposed to a view of the product normally never seen by the public. Visitors become associated with the product

Serrazzano/Serrazzano

internazionali creano un tipo nuovo di 'industria'. Egli intravede nella nuova iniziativa universitaria di Volterra le sinergie per idee di sviluppo innovativo nelle regioni, come è avvenuto per la General Electric di Firenze. La GE è molto sviluppata nella regione e vi ha fondato una 'università cooperativa', esattamente per gli stessi motivi. E quale potrebbe essere la nuova industria? Ha menzionato il caso di quella forestale e dei micro-robot a Pisa e, passando al contesto locale, ha citato anche la possibilità della crescita nell'industria del 'disegno urbano'. Ha ricordato a riguardo le '350 città della Toscana - tutte necessarie'. Scontata, è seguita la domanda 'perché Volterra' per la Scuola Internazionale e non Firenze, o anche in tutt'altra regione, per esempio a Monza vicino Milano, che pure è stata nominata. Ha spiegato che recenti cambiamenti nei regolamenti edilizi contengono incentivi per la creazione di fondazioni bancarie non-profit, che a turno alimentino le iniziative locali, quali la Scuola Internazionale di Volterra. In tal modo l'iniziativa bancaria locale può essere sfruttata da attività produttive molto piccole, come l'artigianato, collocate in un contesto globale.

A Gabriele Simoncini è seguito l'intervento di Patrizia Pietrogrande architetto di Firenze e capo di una società innovativa nel settore dello sviluppo e della diffusione di progetti ambientali. Ha raccontato la sua esperienza di riconversione di alcuni vecchi siti industriali, tra i quali, prima di tutto, la fabbrica Ducati a Bologna, produttori di costose e sofisticate motociclette. In questo progetto si trattava di uno stabilimento funzionante ma in fase di dismissione di lavorazioni non centrali. Il suo intervento ha portato la discussione sui temi dell'alta tecnologia e della valorizzazione dell'immagine a livello internazionale. Nel caso della Ducati, negli stabilimenti è stato impiantato un museo, che è in parte uno strumento di vendita. Connessa al museo è la linea di produzione attuale, in modo tale che i visitatori possono vedere il prodotto normalmente inaccessibile al pubblico. Quest'ultimo diventa così motivato all'acquisto e riesce persino a seguire la produzione della propria motocicletta. La Pietrogrande ha descritto altri progetti innovativi per Firenze, per esempio un piano per aumentare il turismo nel periodo invernale. Il progetto coinvolgeva piccoli musei ed altre istituzioni culturali per una 'città alternativa' dedicata ai turisti che già ne conoscono le attrazioni di maggior richiamo. Ha inoltre organizzato mostre d'arte 'Mai Visti', con opere prese

through education. Not inconsequently, in this strategy, they are motivated to buy, and can even arrange to follow the production of their own machine. Pietrogrande described other innovative projects in Florence - a strategic plan related to increasing tourism in the winter, for example. This program involved the collective organization of smaller museums and other cultural institutions as an "alternative city" for visitors already familiar with the major cultural attractions. She also organized the "Mai Visti" ("Never Seen") exhibitions of art taken from the vast storage of Florentine institutions. Ms. Pietrogrande's firm had also made a proposal for tourist development at Larderello. It focused on identifying why people might be interested in this isolated area and how they could be motivated to visit. Her study found big potentials in certain aspects of the natural geo-thermal activity and the possible new development of thermal bath sites. She was also very interested in the visual landscape of the large cooling towers and their potentials for reuse. Reflecting further on tourism, Paolo Pietrogrande pointed to the "hundreds of company (Enel) apartments" in the area, which could conceivably be redeployed for tourism in the future.

Next came Gabriella Belli, an architect with the Sovraintendenza ai Monumenti di Pisa, which has jurisdiction over the Val di Cecina. After describing how this local jurisdiction works, the discussion moved into the intriguing question of just what a "monument" is—and about broadening such definitions. In this context, the cooling towers again came up as "modern monuments." She related how the Commune di Monterotondo had requested the preservation of one of its cooling towers and how as a result it remains in production.

A similar line of thinking came from Francesca Balestrieri, who had recently completed an urban plan for the Larderello area as her thesis at the Università La Sapienza in Rome. Her thesis called for giving a "new life to the land of tubes." She was referring, of course, to the complex web of silver pipes which emanate from the geothermal steam sources and criss-cross the landscape to feed the electric generating stations. Like the cooling towers, this relatively recent technological layer placed on the timeless landscape was seen as a source of great aesthetic interest—not to mention other of the local infrastructure related to geothermal production.

dal vasto patrimonio delle istituzioni fiorentine. Tra le proposte dello studio della signora Pietrogrande, quella sullo sviluppo turistico di Larderello. Il progetto cercava di trovare delle motivazioni per le quali la gente avrebbe potuto essere interessata a quest'area così isolata e in che modo esserne attratta. Ne risultava una grande potenzialità nello sfruttamento di alcuni aspetti del fenomeno geotermico, ad esempio la rinascita degli stabilimenti termali. Era anche molto attratta dall'impatto visivo sul paesaggio delle grandi torri di raffreddamento, con la possibilità di un loro riutilizzo. Di nuovo sul turismo, Paolo Pietrogrande ha ricordato le 'centinaia di appartamenti della società (Enel)' nella zona, in futuro verosimilmente possibili case per vacanze.

Dopo è stato il turno di Gabriella Belli, architetto della Sovrintendenza ai Monumenti di Pisa, competente per la Val di Cecina. Dopo aver indicato gli impegni del suo ufficio, la discussione si è spostata su cosa è un 'monumento' e sull'allargamento di queste definizioni. In tale contesto le torri di raffreddamento sono di nuovo venute fuori come 'monumenti moderni'. Poi, ha segnalato che il comune di Monterotondo ha fatto richiesta di vincolo per una delle sue torri e che per conseguenza essa è rimasta attiva.

Simile impostazione di pensiero è venuta da Francesca Balestrieri, che ha da poco finito un suo lavoro di urbanistica sull'area di Larderello per la tesi di laurea all'Università La Sapienza di Roma, in cui era forte il richiamo per una 'nuova vita alla terra dei tubi', in riferimento naturalmente alla rete intricata di tubazioni metalliche che si dipanano dalle sorgenti di vapore geotermico e si incrociano nel paesaggio per andare ad alimentare le centrali elettriche. Come le torri di raffreddamento, questo strato tecnologico relativamente recente adagiato su un paesaggio senza tempo è apparso come fonte di grande interesse estetico, senza considerare le altre strutture connesse alla produzione geotermica. La Balestrieri ha dato molta importanza alla conservazione della città nuova di Larderello di Michelucci e alle possibilità del suo riutilizzo, oltre al salone delle macchine della centrale elettrica di Larderello, ora in disuso. Ha suggerito di svilupparne le potenzialità per un museo, e a questo punto Paolo Pietrogrande ha sottolineato ancora il grande interesse degli Italiani per la storia della tecnologia moderna. Alla Balestrieri è seguito il professore Eugenio Martera della Facoltà di Architettura dell'Università di Firenze, specialista nella

She placed great importance on maintaining the integrity of Michelucci's Larderello new town plan—and on the possibilities for its reuse—not to mention the great machinery hall for electric generation at Larderello, which is currently unused. She argued for developing the potentials for a museum, and in this Paolo Pietrogrande again affirmed the great interest of Italians in the history of modern technology. Balestrieri was followed by Professor Eugenio Martera of the Facultà di Architettura at the University of Florence. He is a specialist in museum design and described his project in Florence for combining several university museums within an old power plant. He argued against a "museum" in Larderello, however. Instead he advocated "something entirely new" - a kind of conservation district, but which is also in production. It could be a kind of "living museum," but not for "high culture." It could include stabilized ruins, as a kind of "Roman Forum of Industry." He envisioned a "temporary museum" at first, rather than a large singular investment. Over time it would evolve toward some form of permanence.

By later in the day, emphasis shifted substantially toward local real politik, beginning with the intervention of Simone Sorbi, manager of the Regione Toscana. He described an area comprising 10 Provincial governments and 3.6 million inhabitants, not to mention the 8 million tourists per year. He described certain of the environmental goals of the 5-year plan, which were in part related to the overriding hope of lowering the regional unemployment rate to 5 percent. These goals included building advanced waste treatment facilities; preservation of the landscape including 600 km of coastline; and new infrastructure including a fiber optic truck line linking 287 municipalities with broadband service. This investment would presumably help reduce the unemployment, spawning more small to medium size companies (less than 10 workers each), which already employ 300,000 workers in the Regione. He mentioned the region's strengths—in the realm of textiles, fashion, mechanics, and technological innovation, as well as wood products, marble and stone. At Larderello, he had great hopes for developing a research and reference center for further development of the direct application of geothermal energy.

progettazione degli spazi museali, che ha descritto il suo progetto per Firenze di unificare diversi musei universitari in una vecchia centrale elettrica; si è mostrato contrario, comunque, a un 'museo' in Larderello. Sosteneva invece la creazione di 'qualcosa del tutto nuovo', una sorta di distretto per la conservazione, ma anche per la produzione. Un 'museo vivo', ma non per 'alta cultura', che potrebbe contenere dei resti consolidati, come in un 'Foro Romano dell'industria'. Ipotizzava all'inizio un 'museo temporaneo', al posto di un grande unico investimento iniziale, che col tempo si sarebbe sviluppato in qualcosa di tipo permanente.

Più tardi nella giornata il discorso si è spostato verso i problemi della politica locale, cominciando dall'intervento di Simone Sorbi, dirigente della Regione Toscana. Ha parlato della Toscana come di un territorio che contempla dieci amministrazioni provinciali con 3,6 milioni di abitanti, senza contare il flusso turistico di 8 milioni di visitatori l'anno. Ha illustrato alcuni degli obiettivi del piano quinquennale governativo, legati in parte alla speranza di abbassare il tasso di disoccupazione regionale al 5%. Tra questi, la costruzione di impianti avanzati per il trattamento dei rifiuti; la salvaguardia del paesaggio, con 600 km di costa; una nuova infrastruttura a fibre ottiche che dovrebbe collegare i 287 comuni con servizio di banda larga. Questo investimento potrebbe forse contribuire a ridurre la disoccupazione, generando imprese medio-piccole (con meno di 10 dipendenti), le quali già occupano 300.000 lavoratori. Tra i punti di forza della nella regione ha menzionato il settore tessile, della moda, della meccanica, dell'innovazione tecnologica, della lavorazione del legno, del marmo, della pietra. A Larderello spera di realizzare un centro di riferimento e ricerca per l'ulteriore sviluppo delle applicazioni dell'energia geotermica.

Le riflessioni generali di Sorbi sono state seguite da quelle particolari dei rappresentanti del comune di Castelnuovo Val di Cecina, l'assessore Giulia Giaretti, l'architetto Massimo Bartolozzi, autore del p   iano strutturale e Mario Masoni che ha sviluppato il GIS del piano strutturale. Essi hanno sottolineato che la situazione sta diventando sempre più 'complessa', considerato anche il rapporto cambiato con la natura. Per Raul Toneatti, geologo di Enel, questi cambiamenti hanno anche il loro lato positivo, per l'uso della geotermia per il riscaldamento locale, aumentato rapidamente negli ultimi 15 anni. Secondo quanto riferito, Enel vende energia ai

Sorbi's general regional overview was followed by particulars from Castelnuovo Val di Cecina, represented by Assessore Giulia Giaretti and architect Massimo Bartellozzi who had made its Piano Regolatore, and Mario Masoni who developed the local GIS system. They emphasized that things are becoming more and more "complex," including a changing relationship to nature. This change has its positive side, according to Raoul Toneatti, an engineer with Enel GreenPower, who pointed to the use of geothermal steam for district heating in the area, which has grown sharply in the last 15 years. According to him, Enel sells energy to municipalities in an amount equivalent to fill the needs of 17,000 apartments. Still, in spite of such energy advantages, the area has not yet been able to effectively maintain its economic competiveness according to Armando Burgassi, representing Co.Svi.G., a company in Florence devoted to development of geothermal applications. Larderello decreased in population from 1,100 to less than 500 in recent years, with more than 100 apartments empty. As a consequence, Enel is considering selling some apartments. Most of Enel's loss of tenants was due to attrition in jobs because of automation of energy production and of moving the research program activity to other destinations, such as Pisa, for instance. Augusto Mugellini, a local engineer, gave an overview of the other local employers, while pointing out that Enel still employs 800 persons. Other important industries include Smith International Italia (rock drill bits), Altair Chimica Spa (potassium chloride), Artisale Spa (salt), Solvay Chimica Italia Spa (rock salt), Società Chimica Larderello Spa (boric acid). Mugellini concluded with the reminder that in the future as in the past, from the Etruscans onward, the fate of the area was always tied to the underground: to salt, alabaster, pyrite, lignite, copper, and steam.

On Sunday, February 9, briefings continued at the Palazzo of the Comunità Montana in Pomarance and began with more specific planning issues including roads and transport. By now it was clear the very high level of dissatisfaction of the local population with road infrastructure. The discussion began, however, with the outside view of architect Edoardo Zanchini from Rome, director of the Italian national environmental group, Legambiente. He discussed his organization's interest in new development models, especially pertaining to the

comuni in quantità pari al fabbisogno di 8.000 appartamenti. Ma, nonostante questi vantaggi energetici, l'area non si è rivelata ancora capace di competitività economica, come ha spiegato Armando Burgassi, rappresentante del Co.Svi.G., Consorzio per lo Sviluppo della Geotermia, società di Firenze specializzata nello sviluppo di applicazioni geotermiche. La popolazione di Larderello è diminuita da 1.100 a meno di 500 abitanti negli ultimi anni e gli appartamenti vuoti sono più di 100. Di conseguenza Enel è sul punto di venderne alcuni. La maggior parte degli inquilini persi da Enel è dovuta alla contrazione di posti di lavoro per il processo di automazione della produzione elettrica e allo spostamento di attività relative alla ricerca geotermica in altre località, ad esempio a Pisa. Augusto Mugellini, ingegnere del luogo, ha fatto una panoramica dei datori di lavoro locali, sottolineando al tempo stesso che Enel impiega ancora ben 800 operai. Tra le industrie più importanti, la Smith International Italia (punte per trivellazioni), la Altair Chimica Spa (cloruro di potassio), la Artisale Spa (sale), la Solvay Chimica Italia Spa (clorosoda e derivati), la Società Chimica Larderello Spa (acido borico). Mugellini ha ricordato infine che, come nel passato sin dagli Etruschi, il destino dell'area è stato sempre legato al sottosuolo - sale, alabastro, pirite, lignite, rame e vapore - e lo sarà anche nel futuro.

Domenica 9 febbraio il programma è proseguito a Pomarance, nel palazzo della Comunità Montana, su argomenti urbanistici più specifici, tra cui strade e trasporti. A questo proposito, è stato assai chiaro l'alto livello di insoddisfazione della gente del luogo riguardo al sistema stradale. La discussione è iniziata comunque con il punto di vista di un esterno, l'architetto Edoardo Zanchini di Roma, direttore di Legambiente, un'associazione ambientalista nazionale. Ha manifestato gli interessi della sua associazione verso i nuovi modelli di sviluppo, specialmente per quanto riguarda il paesaggio, in cui è immerso Larderello. Ha notato che il problema non risiede tanto nel modernizzare con la costruzione di strade, non ci sono infatti i soldi per una nuova infrastruttura così importante, addirittura proibitiva per la difficile topografia dell'area. Ha anche segnalato gli alti costi della sola manutenzione della rete stradale attuale e se anche nuove strade dovessero essere costruite, Zanchini ha messo in guardia dal fatto che esse trasformerebbero l'area in senso negativo, verso un turismo 'estensivo' piuttosto

kind of landscape issues which exist around Larderello. He emphasized that the problem was not just a matter of modernizing through road building and that in fact there is no money for such heavy new road infrastructure, which is especially prohibitive in the region because of difficult local topography. He pointed to the high cost of simply maintaining what already exists. Should new roads somehow be built, Zanchini argued that they would transform the area in a negative way - toward "extensive" rather than "intensive" tourism. Zanchini elaborated on some of the questions raised by proposals for new road infrastructure, beginning with the general point that the Italian landscape is an extremely valuable part of the national patrimony and that much of it has already been destroyed, especially with the big infrastructure projects beginning after World War II. He added that any such additional infrastructural investment must be prioritized, and in this the importance of public transport should be seen as paramount.

Perhaps most important, Zanchini questioned the canonical modern idea that new highways are needed to connect places that are isolated in order to promote their development. Instead he argued that the opposite is the case, a position reflected in the reality that in Italy there has been no big investment in new road infrastructure for the past 20 years. He mentioned that only the rich North or the poor South would tend to receive future large infrastructure investment—the former based on "demand" and the latter on "social equity." As for Larderello, he argued that connecting with rail service is also not an answer, as it is far too expensive. Instead he proposed exploring "integrated" solutions - that is, improvement in the hierarchy of existing transportation types.

Zanchini was followed by Patrizia Marchetti, Assessore for Transportation for the Province of Pisa. She reviewed past and future transportation plans, with emphasis on the Val di Cecina. She also pointed to the constraints of topography in Tuscany. The northern region is relatively flat and well connected between Pisa and Florence. The southern region, however, including the Val di Cecina is severely broken up by terrain and is dominated by small towns and villages rather than large centers. She mentioned some of the problems in the Val di Cecina:

che 'intensivo'. Zanchini ha risposto ad alcune questioni sollevate dalle proposte di un nuovo sistema di strade, partendo dal dato generale che il paesaggio italiano è parte importante del patrimonio nazionale e che molto di esso è già stato distrutto, proprio con i progetti di grandi infrastrutture, dal secondo dopoguerra in poi. Inoltre, qualsiasi nuovo investimento in campo infrastrutturale dovrebbe essere pianificato considerando al primo posto l'importanza del trasporto pubblico.

La cosa più interessante però è, forse, che Zanchini ha messo in discussione l'idea scontata di modernità secondo la quale le nuove autostrade sono necessarie per mettere in comunicazione zone isolate e per promuoverne lo sviluppo. Per lui invece la realtà italiana dimostra che questo è il caso opposto, poiché negli ultimi 20 anni non sono stati fatti grandi investimenti in nuove infrastrutture. Ha spiegato che solo il ricco nord o il povero sud potrebbero in futuro beneficiare di tali investimenti, il primo a motivo della 'necessità', l'altro di 'giustizia sociale'. Per Larderello ha inoltre obiettato che anche un collegamento ferroviario non sarebbe la risposta, perché opera troppo dispendiosa. Invece, ha aggiunto, c'è necessità di provare soluzioni 'integrate', cioè il miglioramento nelle gerarchie dei tipi di trasporto attuali.

Dopo Zanchini ha parlato Patrizia Marchetti, Assessore ai Trasporti della provincia di Pisa. Ha fatto un excursus sui piani di trasporto passati e futuri, in particolare riguardo alla Val di Cecina. Ha anche ricordato gli impedimenti dovuti alla topografia della Toscana. La parte nord è relativamente pianeggiante, e con buone comunicazioni tra Pisa e Firenze. La parte sud, compresa la Val di Cecina, è invece assai mossa e dominata da insediamenti piccoli piuttosto che città. Tra i problemi della Val di Cecina ha ricordato: 'strade tortuose', 'elevata percentuale di incidenti', 'banchine in cattive condizioni', 'attraversamento dei piccoli centri da parte di mezzi pesanti', etc. Ha accennato al recente cambio di amministrazione del sistema delle strade, dal governo centrale a quello regionale: se una volta il dibattito verteva sulle nuove strade, ora si discute del miglioramento di quelle esistenti. Una priorità consiste nella realizzazione di tangenziali per evitare i centri urbani, specie sulla statale 439 che percorre la Val di Cecina. Ha anche ricordato la statale 68 da Siena al mare, con lavori in corso: riduzione delle curve pericolose;

"tortured roads;" "high accident rate;" "poor roadbeds;" "heavy trucking through small town centers"; and the like. She mentioned the change in the administration of the road system in recent years, which has shifted from the central to local governments. Whereas once discussion was focused on new road infrastructure, it is now focused on improvement of existing roads. There is a priority to locally by pass existing town centers, in particular along the S.S. Route 439, which runs the length of the Val di Cecina. She also mentioned S.S. Route 68 from Siena to the coast where there is work underway: reducing dangerous curves; reduction of major hill grades, widening for passing lanes, construction of rotaries for dangerous intersections. In particular, for the Val di Cecina she showed the plan for the S.S. Route 439 bypass around Castelnuovo, which is especially important because of the trucking problem. She described the need to control the roadside development along this and other such new fragments through limited access configurations.

At this point Marchetti was joined by Giulia Giaretti, the assessore of Castelnuovo, who further commented on the question of controls of road-induced development and of development controls in general. He argued that the local municipalities could effectively control development through their "master plans," and indicated that the Master Plan for Castelnuovo had been amended to include a "structural plan," which was approved some years ago and is the only one in the region. He argued for flexible interpretation of such plans to allow change if some unanticipated major new investment comes along. Presumably the new bypass, at a cost of $7 million, represents such an investment. According to Giretti, in the system of checks and balances entailed in such a project, the environmental impacts are studied in two phases—"concept" and "realization." All stakeholders must be contacted. The Provincial Government must also approve the project—in the case of the Castelnuovo bypass, unnecessary as it was making the design anyway. The project is slated for completion in December 2007. The question of "money" for infrastructure investment was raised, with the hierarchy from the Italian central government down to the regional and then provincial and local governments outlined. Also mentioned was the growing importance of the European Bank as a source of capital, and the EC in general as a source of

De Larderel Castle
Palazzo de Larderel

riduzione delle maggiori pendenze; aggiunta di corsie di sorpasso; creazione di rotatorie per gli incroci pericolosi. Ha mostrato inoltre il progetto della 439 per la Val di Cecina, in particolare quello per la tangenziale di Castelnuovo, importante per il problema dei mezzi pesanti. Ha anche accennato alla necessità di controllo dello sviluppo degli accessi laterali lungo questa strada, in modo da limitarli almeno in queste nuove sezioni. Qui è intervenuta Giulia Giaretti, assessore di Castelnuovo, che ha sviluppato il tema del controllo dello sviluppo indotto dalle strade e dei controlli dello sviluppo in generale. Ha notato che effettivamente i comuni sono in grado di controllare lo sviluppo attraverso i 'piani regolatori' e ha rilevato che quello di Castelnuovo ha ottenuto una variante per includere un 'piano strutturale' approvato da qualche anno, l'unico nell'area. Ha anche raccomandato un'interpretazione flessibile dei piani, per consentire l'attuazione di importanti nuovi investimenti imprevisti. Immagino che la nuova tangenziale da 7 milioni di dollari rappresenti un tale investimento. Secondo Giaretti, nel sistema di controlli richiesto dal progetto, l'impatto ambientale è studiato in due fasi, 'di massima' ed 'esecutivo'. Tutti gli interessati devono essere interpellati. Anche la Provincia approva il piano (ma non nel caso della tangenziale di Castelnuovo in quanto essa stessa ideatrice del piano). Il completamento del progetto è previsto per dicembre 2007. Alla domanda sui 'soldi' per investimenti nelle infrastrutture, ne è stata delineata la gerarchia, dal governo centrale, attraverso quello regionale e provinciale, fino a quello locale. È stata ricordata anche la Banca Europea e la sua crescente importanza come fonte di investimenti e in generale dell'Europa quale sistema in qualche modo di rottura del vecchio modello gerarchico nazionale.

Il dibattito sulle infrastrutture è proseguito con la descrizione dello stato del trasporto pubblico da parte di Pasquale Zoppo, direttore di Esercizio di CPT (Consorzio Pisano Trasporti), la società di trasporto pubblico della Provincia. Zoppo ha fornito un quadro dettagliato della situazione del trasporto di massa nell'area, che non depone esattamente a favore dei suoi sostenitori. Ha iniziato a spiegare in dettaglio che cosa significa 'trasporto pubblico'; che, soprattutto nella situazione locale, è molto sostenuto finanziariamente dallo Stato. Questo copre solo servizi di base, mentre le richieste locali specifiche devono essere finanziate con fondi locali. Ha parlato di sedici linee

disruption of the old national hierarchies in certain ways.

The infrastructure discussion continued with a description of the situation of public transport by Pasquale Zoppo, who is director of CPT (Consorzio Pisano Trasporti), the provincial public transit company. Zoppo gave a detailed picture of the situation of mass transit in the region, which did not exactly bode well for transit advocates. He began with a long discourse on what "public transit" is, and it appears that above all else in the local context it is highly subsidized. The funding from the Central Government covers only basic services, and other specific local requests must be met with local money. He described sixteen basic bus lines in operation in the Val de Cecina, with a main trunk line along the valley (Volterra, Saline di Volterra, Pomarance, Larderello, Castelnuovo, Monterotondo). Secondary lines serve the transverse circuits. The main line has a ridership of about 1,900 passengers per day, and the secondary 600.

Zoppo emphasized the huge government expense in maintaining a system with such low ridership, further emphasizing that responsibility for the low figures lie in part with the fact that the Val di Cecina lost 39 percent population between 1950 and now. In 1950, there was sufficient ridership to support private transportation companies. But of course in 1950 private automobile ownership in Italy was very low. Now it is universal, so support for public transit must be entirely public or nothing. Other figures were revealing. The average rider trip time is quite long at 18km per hour, and the average number of persons per bus is only 10 on primary routes and 7.4 on secondary routes. These figures confirm that people stay on the buses longer than in the rest of the region. It was also noteworthy that 61 percent of the rider ship is students and only 27 percent workers on the secondary lines. On the primary lines it is 55 percent students and 30 percent workers. With such low usage figures, theprovince is considering "on demand" service, which could function as well for tourists as for students and workers. Although apparently cheaper, the "on demand" model raises many issues related to political acceptability, however, and is not likely to happen.

One growth industry in the Val di Cecina is "agri-tourism," and this phenomenon was described to us by Andrea

Meeting at the geothermal museum, Larderello
Incontro al museo della geotermia di Larderello

base di trasporto in esercizio in Val de Cecina, di cui una principale lungo la valle (Volterra, Saline di Volterra, Pomarance, Larderello, Castelnuovo, Monterotondo). Le linee secondarie servono percorsi trasversali. La linea principale ha un'utenza di 1900 passeggeri al giorno, le secondarie 600.

Zoppo ha sottolineato gli alti costi dello Stato per mantenere un sistema con un'utenza così limitata, sottolineando poi che la causa di numeri così bassi risiede in parte nel fatto che la Val di Cecina ha perso dal 1950 ad oggi il 39% della popolazione. Nel 1950 c'era abbastanza domanda per mantenere in vita società di trasporto private. È anche vero che nel 1950 la proprietà di veicoli privati in Italia era ancora poco diffusa. Ora al contrario essa è molto diffusa ed il trasporto collettivo può solo essere pubblico o altrimenti non giustificato. Altri dati sono stati sorprendenti. Il tempo di percorrenza medio è piuttosto alto, con una velocità media decisamente bassa, mentre il numero dei viaggiatori per autobus è pari solo a 10 sulle percorrenze principali e a 7,4 su quelle secondarie. Cifre che confermano la maggiore permanenza sugli autobus della gente di qui rispetto al resto della Regione. Notevole anche il dato che il 61% dell'utenza nelle percorrenze secondarie sono studenti e solo il 27% sono lavoratori; quelle principali, il 55% studenti e il 30% lavoratori. Con cifre di utilizzo così piccole, la Provincia sta prendendo in considerazione il servizio 'a richiesta', possibile sia per i turisti, sia per studenti e lavoratori. Sebbene più economica in apparenza, tale soluzione pone una serie di quesiti legati al consenso politico e difficilmente verrà presa in considerazione.

Un'industria in espansione in Val di Cecina è 'l'agriturismo', fenomeno che ci è stato riferito da Andrea Cinotti della Comunità Montana, l'associazione di comuni che comprende Castelnuovo, Monte Verdi, Pomarance, Montecatini e Volterra, con rappresentanti eletti da ciascun comune. Lo scorso decennio, e forse lo sarà nel futuro, lo Stato ha sostenuto le iniziative rivolte al turismo legate all'agricoltura. Anche l'Unione Europea è stata una grande fonte di sussidio; ciò significa che effettivamente le 2 province agrituristiche della Toscana sono anche responsabili verso l'Unione Europea. Questo si traduce in un nuovo livello di pianificazione regionale in evoluzione, attraverso le Province, con 1200 'fattorie', gran parte delle quali gestiscono camere con 1.100 posti-letto, secondo il piano

Cinotti of the Comunità Montana, an association of the local municipalities including Castelnuovo, Monte Verdi, Pomarance, Montecatini, and Volterra, with representatives elected by each Commune. For the past decade or more, the National Government has subsidized local tourist initiatives based on agriculture. In this the EC has been a major source of subsidy, meaning that 20 local agri-tourism districts in Tuscany are ultimately also accountable to the EC. This means that another layer of regional planning is evolving, in twenty districts, comprising 1,200 "farms," 90 of which run guesthouses with 1,100 beds under the agri-tourism project. The total EC subsidy between 2002-2006 will be 400 million Euros, of which the Val di Cecina will receive 12 million. Funds are assigned up to 199,000 Euros per project, and are intended to be used for improving the existing environment—not for new farms. In the Val di Cecina, thus far one-half of the funds went to environmental improvement such as organic farming; one-quarter went to specific farm improvement, and one-quarter to tourism development.

Discussion engaged the question as to "why subsidize agriculture?" and Mr. Cinotti responded "most agriculture in Europe is subsidized," with the subsidy converted from produce to in-kind services. The benefits are an increase in production of farm produce, while the farmer is subsidized for other things. In the Val di Cecina, the main production is wheat and sheep. Cinotti emphasized that the agri-tourism program is principally about maintaining the countryside, which is the source of touristic interest. There are presently about two million people who visit Tuscany in the summer as longer-stay boarders, continuing the practice from the 19th century when British came to stay on farms in Tuscany. Discussion shifted to the possible advantages for agri-tourism and other such new industry in the region as a consequence of cheaper geothermal energy. Roberto Parri, an engineer with Enel, enumerated the elements of geothermal infrastructure in place: 30 electric generator plants, 400 wells for steam, 400 km of pipe to transport the steam to the generator plants, and an annual total of over 4 billion kw/h electric production—all of this producing energy at a cost lower than conventional fuels, including subsidies. Parri pointed to the fact that, due to inefficiencies, presently only 20

agrituristico. I fondi comuni europei tra il 2002 e il 2006 erogheranno 400 milioni di Euro, dei quali la Val di Cecina ne riceverà 12. I fondi sono ripartiti in lotti da 199.000 Euro a progetto e sono finalizzati al miglioramento delle condizioni ambientali attuali e non per nuove fattorie. In Val di Cecina, fino a oggi, metà dei fondi sono stati spesi per il miglioramento delle condizioni ambientali, p. es per l'agricoltura biologica; un quarto è andato a miglioramenti specifici di fattorie e il rimanente allo sviluppo turistico.

Il dibattito ha portato alla domanda, 'perché sostenere l'agricoltura', cui Cinotti ha risposto 'l'agricoltura in Europa è per la maggior parte sovvenzionata', con sussidi trasferiti dal settore produzione a quello dei servizi in natura. I vantaggi si traducono nell'aumento di produzione mentre l'agricoltore è sovvenzionato in altri settori. In Val di Cecina il prodotto principale è il grano e l'allevamento degli ovini. Cinotti ha fatto notare che il progetto agrituristico è finalizzato principalmente al mantenimento del paesaggio agricolo, che è motivo di interesse turistico. Attualmente circa 2 milioni di persone visitano la Toscana ogni estate con permanenze lunghe, continuando l'abitudine in voga tra i visitatori britannici del XIX secolo, che soggiornavano nella campagna toscana. Il discorso si è poi spostato sui vantaggi eventuali per l'agriturismo e per le nuove industrie del genere nell'area dovuti a un minor costo dell'energia geotermica. Roberto Parri, ingegnere di Enel, ha elencato le singole infrastrutture esistenti della geotermia: in Val di Cecina 30 centrali, 400 pozzi di vapore, 400 km di tubazioni per portare il vapore agli impianti, una produzione totale annua di energia elettrica di oltre 4 miliardi di kW/h ad un costo minore degli usuali combustibili, compresi gli incentivi.

Massimo Rossetti, direttore di "Parvus flos", ha posto l'interessante questione che si dovrebbe in futuro indirizzare l'uso del vapore alle applicazioni termali e agli usi diretti piuttosto che alla produzione elettrica. "Parvus flos" è un'associazione locale per disabili e gestisce le serre di Radicondoli impiegando oggi 13 persone. Producono, tra l'altro, fiori e basilico (1.000 piante al giorno, in media). Ha segnalato la loro dipendenza dai trasporti per mantenere la produzione e che mentre il costo dell'energia è basso grazie alle fonti geotermiche locali, per la condizione delle strade i costi di trasporto sono i più alti della regione. Calcolando il costo dei trasporti, oggi il

percent of the steam within the system is put to use; the rest is wasted. Were it better recuperated, the energy would be even cheaper.

Massimo Rossetti, director of "Parvus flos," raised the interesting point that perhaps the future of the use of steam may relate more efficiently to direct thermal application rather than electric production. Parvus flos is a local business organization for disabled persons, which runs greenhouses, Radicondoli currently employing 13 persons. Their production includes flowers and basil (1,000 plants per day average). He pointed to their dependence on transport to move their production and to the fact that while their energy cost is lower due to the local geothermal source, due to local roads their transport cost is higher than in other possible regional locations. Factoring the transportation costs, right now, the overall cost advantage for the cheaper energy is reduced from 34 percent to 27 percent of their local operating capital, which is not so much. A young couple of managers, Bogi e Carai, also described the program for their agricultural company based on geothermal energy. Massimo Conti, administrative director of another local business, Isolver, provided more insight into local business operations. Isolver supplies insulation and paint to Enel and other local businesses, employing a workforce of 50 persons. Such supply businesses in the area total a workforce of 300 persons, providing for electromechanical needs, field erection, and the like. Some are small but highly specialized. An emerging activity for such local enterprise is related to asbestos cleanup of the steam pipes and other older infrastructure. Conti cited the advantages of operating in the Val di Cecina related to this local demand for specialized services; but he also cited the disadvantage of isolation related to obtaining business from the outside. Regarding the question of the "outside," Maurizio Gentili of Enel described the possibilities for obtaining EC funds to subsidize local enterprise related to renewable energy, defined as wind, photovoltaic, hydro, biomass, and geothermal. Up to 30% of eligible project costs may be eligible for EC funding, including "EC Structural Funds" for restoration of building and settlement fabric. He mentioned the competitive advantages of requests to the EC for geothermal development, which is the "third most important renewable energy source in the world."

vantaggio globale di un'energia più economica si riduce dal 34% al 27% del capitale, che non è poi così tanto. Una coppia di giovani imprenditori Bogi e Carai hanno presentato le loro iniziative per lo sviluppo della loro azienda agricola (allevamento ed agriturismo) utilizzando anche l'energia geotermica.
Massimo Conti, direttore di un'altra impresa locale, la Isolver, ha proposto altre osservazioni sulle attività locali. Isolver fornisce a Enel e ad altri operatori locali isolamenti e verniciature, con una forza-lavoro di 50 persone. L'indotto totale raggiunge la cifra di 300 occupati, nel settore dell'elettromeccanica, dei cantieri industriali, etc. Alcune imprese sono piccole ma molto specializzate. Un'attività emergente per questa iniziativa locale riguarda lo smaltimento dell'amianto dai vapordotti e da altre vecchie strutture. Conti ha sottolineato i vantaggi di operare in Val di Cecina per quanto riguarda la domanda di sevizi specialistici nell'area; d'altra parte ha anche messo in evidenza gli svantaggi dell'isolamento rispetto alla possibilità di lavoro esterno. Riguardo a quest'ultimo aspetto, Maurizio Gentili di Enel ha fatto presente la possibilità di finanziamenti europei a sostegno dell'impresa locale in relazione alle energie rinnovabili, cioè eolica, fotovoltaica, idroelettrica, geotermica e della biomassa. Fino al 30% dei costi dei progetti approvati può essere finanziato dall'Unione Europea, anche con 'Fondi Strutturali', per il restauro di edifici e di centri abitati. Ha ricordato come l'Unione Europea sia molto favorevole a concedere fondi per l'energia geotermica, "la terza maggiore fonte di energia rinnovabile al mondo".
Lunedì 10 febbraio c'è stata un'altra serie di 'incontri in movimento' nella parte nord della Val di Cecina, iniziati con il nuovo impianto di riscaldamento geotermico di Pomarance, costruito da Orion S.c.r.l. È stato illustrato in dettaglio dagli ingegneri Fiorenzo Borelli per Orion e Rodolfo Marconcini di Enel. La valle potrebbe godere di altri cospicui vantaggi economici dalla generale estensione dell'utilizzo del riscaldamento geotermico con sistemi tecnologici avanzati. Il suo unico limite consiste nella necessità della vicinanza alla fonte di calore per evitarne una eccessiva perdita; per conseguenza, il vapore non può essere "esportato" e la valle potrebbe fissarsi su questo sistema energetico. All'opposto dei sistemi tecnologici avanzati, l'altro caso, quello della miniera di rame di Carporciano a Montecatini, un raro esempio di tecnologia primitiva, forse la "più antica miniera di rame in Europa",

On Monday, February 10 another series of "mobile briefings" were held along the northern end of the Val di Cecina, beginning with an introduction to the new geothermal domestic heating plant for Pomarance constructed by Orion S.c.r.l. It was explained in detail by engineers Fiorenzo Borelli of Orion and Rodolfo Marconcini of Enel. It would seem that the valley could enjoy further significant economic advantage with advanced technology and universally applied geothermal heating. The only limit is the close proximity to the source needed to avoid excessive condensation—meaning that the steam can not be "exported" and that the valley could be culturally consolidated around this energy system. In contrast to this advanced technology was the next topic—the ancient technological landmark which is the Carporciano copper mine at Montecatini, said to be the "oldest copper mine in Europe" and in use 1907. With its vast underground tunnel system and early industrial processing facility, it is now a large archeological site being excavated and stabilized for touristic purposes. Augusto Mugellini, whom we had also heard from previously, is the supervising engineer responsible for this work. He was careful to emphasize the relationship of the industrial-era ruins to the new activities that are envisioned for the site. The lofty old hill-town itself is already well gentrified. Mayor Renzo Rossi, over an informal lunch discussion, seemed well-informed about strategizing new cultural production and a new economy for the town, and, indeed, here perhaps more than anywhere else in the Val di Cecina, one could sense some real momentum and sophistication in nurturing this approach.

Later in the day at Volterra we found ourselves surrounded by the extraordinary evidence of Etruscan culture represented at the Museo Guarnacci. Museum Director Gabriele Cateni made a point of emphasizing the continuities of history, in this case reaching back more than three millenia—and the importance of the vagaries of daily existence then and now. The evidence of what once was seemed overwhelming, with one constant undoubtedly related to livelihood. Current dilemmas were in evidence during our subsequent visit to the Rossi alabaster factory, where the present-day manifestation of this ancient art form was in abundance, now as objects for tourism rather than ceremony. Historical contrasts were further emphasized in the evening

utilizzata fino al 1907. Con il suo esteso sistema di gallerie sotterranee e gli originali impianti di lavorazione è oggi divenuto un importante sito archeologico, scavato e sistemato per scopi turistici. Augusto Mugellini, che già conoscevamo, è l'ingegnere direttore dei lavori. Egli ha cercato di sottolineare il rapporto tra rovine proto-industriali e nuove funzioni previste per l'area. L'alto antico borgo collinare è già esso stesso assai evoluto. Il sindaco, Renzo Rossi, in una conversazione informale a colazione, si è mostrato aggiornato nel campo delle nuove strategie di sviluppo culturale e di nuove possibilità per la città e veramente, qui forse più che in qualsiasi altra zona della Val di Cecina, si è percepito un reale slancio e una capacità di attivare tale politica.

A Volterra, più tardi nella giornata, ci siamo ritrovati circondati dalle manifestazioni straordinarie della cultura etrusca del Museo Guarnacci. Il direttore del museo, Gabriele Cateni, ha cercato di mettere in risalto la continuità della storia - nel caso si tratta di oltre tre millenni – e l'importanza delle cose effimere e quotidiane, allora come oggi. L'esame di quei reperti, con il costante riferimento alla sopravvivenza, ci ha scosso. La situazione di stallo di oggi è emersa dalla visita seguente, la fabbrica di lavorazione dell'alabastro, la ditta Rossi, in cui l'odierna manifestazione di quest'antica arte si traduce in un'abbondante produzione di oggetti per il turismo invece che per il culto. I contrasti della storia sono stati ancora di più messi in risalto dall'incontro serale di Poggibonsi vicino a Firenze, nel Castello della Magione dell'Ordine dei Cavalieri del Tempio, un'associazione e una costruzione risalenti all'epoca delle crociate, al XIV secolo. A cena abbiamo incontrato Tommaso Franci, Assessore all'Ambiente della Regione Toscana, con il quale sono venute in luce le difficoltà di un'area geografica così diversa e relativamente piccola e i limiti di una politica economica che interviene a tutte le scale, da quella globale al quella del villaggio. Anche lui ha confermato l'importanza crescente dell'Unione Europea negli interventi di politica economica regionale.

Franci ci ha descritto diversi progetti per la Toscana dove sono in gioco tecnologia, ambiente e cultura e verso i quali il nostro lavoro avrebbe potuto indirizzarsi. Le conversazioni intorno alla politica economica locale sono continuate il giorno dopo, specie riguardo al turismo. A Firenze, a Palazzo Vecchio, abbiamo ascoltato di prima

at Poggibonsi near Florence, where we gathered in the Castello della Magione dell'Ordine dei Cavalieri del Tempio, an organization and building dating to the Crusades of the 14th century. We met over dinner with Tommaso Franci, Assessore for the Environment for the Region of Tuscany. The complexities of the diversity of the relatively small geographic area—and of the limits of political economy operating at all scales, from global to hamlet, became clear. And he again confirmed the growing importance of the EC in the regional political economy.

Franci was able to describe several innovative projects in Tuscany involving technology, environment, and culture, which could point toward possible directions for our work. On the following day more discussion ensued relative to the local political economy, especially related to tourism. In Florence at the Palazzo Vecchio we heard first hand from Francesco Colonna, Assessore for Trade and Production, of the limits of a tourism-based economy. We heard once again of the importance of an "engaged" touristic economy, to avoid the pitfalls of "mass" tourism—that is, of the Florentine situation involving millions of short-term tourists every year (Zanchini's "extensive tourism") who end up costing more for "cleanup" than the Euros which they spend, at least as far as municipal income is concerned.

That the EC is interested in a wide range of local concerns was evident in a final formal session on Thursday February 12, with Francesco Gherardini, president of the Comunità Montana Alta Val di Cecina, and Claudia Bartoli of the Business Innovation Centre in Tuscany. The "Mountain Community" receives EC subsidy related to a program for economic development for "depressed areas." Gherardini explained that in this case the area is considered "depressed" because the population density is lower than what the land can support. Normally, due to the presence of Enel, the income level would be considered too high for inclusion in the program. It was included, however, because of the continuing decline of Enel jobs. The EC goal in the area is to diversify the job base. The question arose as to what might such a strategy be, apart from agritourism? Several ideas were discussed, some related to the refitting of old production sites: the salt mine and the production plants at

mano dall'Assessore alle Attività Produttive Francesco Colonna i limiti di un'economia basata sul turismo. Abbiamo ancora sentito dell'importanza di un'economia turistica "occupata", per evitare le cadute del turismo "di massa" – nel caso di Firenze, milioni di turisti ogni anno per brevi periodi (il "turismo estensivo" di Zanchini), fenomeno che finisce per costare di più per l'opera di "ripulitura" in confronto agli Euro che porta, almeno in termini di profitto per il Comune.

Che l'Unione Europea fosse coinvolta in una vasta gamma di problematiche locali è stato evidente nella riunione finale ufficiale, tenutasi giovedì 12 febbraio, con Francesco Gherardini, Presidente della Comunità Montana Alta Val di Cecina e Claudia Bartoli del Business Innovation Centre della Toscana. La "Comunità Montana" riceve finanziamenti europei per piani economici di sviluppo di "aree depresse". Gherardini ha spiegato che in questo caso l'area è considerata "depressa" poiché la densità della popolazione è minore rispetto alla capacità del territorio di sostenerla. Normalmente, per la presenza di Enel, il livello di reddito sarebbe stato considerato troppo alto per poterla includere nel programma. Tuttavia, è stata inclusa per la continua diminuzione di posti di lavoro in Enel. Lo scopo dell'Unione Europea è quello di diversificare la base lavorativa nell'area. La domanda relativa seguente è stata: quale è la strategia per questo, a parte l'agriturismo? Diverse idee sono venute fuori, alcune relative al restauro di vecchi siti industriali: il giacimento di salgemma e gli impianti per la produzione di sale a "Saline di Volterra" e la stessa fabbrica di acido cloridrico "Altair"; la produzione di acido borico a Larderello. Altre iniziative sono state illustrate da Armando Burgassi del Co.Svi.G., tra cui l'impianto geotermico di piscicoltura a Castelnuovo. Ha anche ricordato le novità nel campo dei prodotti caseari (ricotta) e del legno (composti del sughero e delle pannocchie del mais).

Nella conversazione seguente, però, la promessa locale dell'Unione Europea è sembrata ridimensionata. Poiché infatti i fondi europei vengono amministrati dalla Regione Toscana, le possibilità di iniziative locali autonome sono compromesse. La signora Bartoli ha citato la mancanza di risorse a livello locale per "autopromozione". A livello regionale, l'area di Larderello non è considerata la più problematica, anche per la sua vicinanza al mare. Altre

"Salina," the hydrochloric acid production at "Saline," and the boric acid production at Larderello.

Other initiatives were mentioned by Armando Burgassi of Co.Svi.G., including the fish farm at Castelnuovo, which uses geothermal energy to maintain water temperatures. He also mentioned initiatives involving the end products of milk production (ricotta cheese) and end products of the wood industry (composite materials made from bark or even cornstalks).

By contrast, the local promise of the EC turned out to be somewhat diminished in subsequent discussion. It turns out that because the EC funds go through the Regione Toscana, the opportunity for independent local initiative is compromised. Ms. Bartoli mentioned the lack of resources to make "self-publicity" at the local level. And at the regional level Larderello is not considered the most problematic area, due in part to its proximity to the sea. Other areas further inland from Lucca, for example, are considered to be more needy. It was also discussed that the biggest EC concern seems to be about roads, and we had already heard earlier in the week that the road options seemed relatively constrained. By the afternoon a circle was completed such that, by implication, the discussion of possible new initiatives had shifted back to Enel, which remains a major source of possibilities for the region. And so the discussion shifted to "what can Enel do?"

These intense days of briefings and immersion in the realties of Larderello and the Val di Cecina became the "program" to be followed by the students—explored in a very preliminary way at the Villa Ginori in Castelnuovo on February 12 and synthesized as stragetic options presented on February 13 to an audience that included those who had previously briefed us. Their influence on our subsequent work was considerable and served to prove, that indeed, "reality is stranger than fiction"—or at least it is as interesting! Thus, the stage was set for the proposals summarized in this study. Five months later these conversations along the Val di Cecina remain at the heart of the work presented herein.

Valle Secolo power plant, by Aldo Rossi
La centrale Valle Secolo, di Aldo Rossi

aree interne della provincia di Lucca, per esempio, sono considerate più bisognose. Si è discusso inoltre del fatto che l'Unione Europea sembra occuparsi essenzialmente di strade, mentre abbiamo sentito nei giorni precedenti che questa strategia sembra relativamente forzata. Il cerchio si è chiuso nel pomeriggio quando, naturalmente, la discussione sulle possibili nuove iniziative è ritornata a Enel, che rimane ancora la maggiore risorsa dell'area. Così la domanda si è trasformata in "cosa può fare l'Enel?".

Queste intense giornate di incontri e concentrazione sulla realtà di Larderello e della Val di Cecina si sono trasformate nel "programma" degli studenti, esplorato in modo sommario nella Villa Ginori a Castelnuovo il 12 febbraio e sintetizzato nelle scelte strategiche il giorno successivo, nella presentazione fatta ad un pubblico formato anche proprio da coloro che avevano organizzato gli incontri. La loro influenza sul lavoro successivo è stata significativa e ha dimostrato che veramente "la realtà va oltre la fantasia" - o almeno essa è interessante allo stesso modo! Lo scenario era pronto per le proposte raccolte nel presente volume. Cinque mesi dopo, le lezioni della Val di Cecina traspaiono sotto il lavoro qui presentato.

ITINERARY FEB 2003

Wednesday Feb 5:
departure from New York City

Thursday Feb 6:
Brief driving tour of Rome, meet Andrea Bassan at San Paolo Basilica, and visit to Montemartini Museum, which houses Capitoline Sculptures in renovated local power plant alongside old engines. Tour of museum with Paolo Pietrogrande, and Sandro. Scenic (evening) drive to Larderello. First view of the Val di Cecina. Arrival to hotel Burraia in Pomarance.

Friday Feb 7:
Groups visit all sites (see below) as possible study areas. Each location has a different "guide" including local experts.
site 1.Sasso/Monterotondo: geysers, medieval village, hellenistic thermae
site 2.Serrazzano: well preserved medieval village and local community plans
site 3.Larderello: abandoned power plant no3 (industrial area to be reclaimed)
site 4.Larderello: Piazza Leopolda and Palazzo de Larderel (landmark to be recovered),
site 5. Valle Secolo: new power plant, designed by Architect Aldo Rossi
site 6. Castelnuovo: medieval village poorly recovered, with social issues
Dinner speech: Renewable energy and Sustainable Global Development, Pietrogrande

Saturday Feb 8:
Morning plenary session: introduction to local scenarios and discussion of issues at Villa Ginori.
1. History and Economic Development, Workforce, Local Issues, Paolo Pietrogrande
2. Urban development, Planning Processes, Constrains and Opportunities, w/Professor Carbonara
3. Preservation and Promotion of Cultural Heritage, Arch.Zoppi, Director of Cultural Affairs, Tuscany
4. The Regional Development Plan, PTC, President Nunes, Pisa Regional Government
5. Economic Drivers and Challenges, Mr. Renzulli, local savings & loan

6. Industrial archaeology as a tool to Develop Museum Activities, Prof Martera
7. Marketing local (untapped) assets through Urban Planning, Arch Marchi
8. Other topics of discussion:
• Urban town planning, local Mayors
• District heating prospects, Marconcini
• Technical infrastructures, Talamucci
• Role of Public Administration, Sorbi Cultural Heritage: Pomarance's De Larderel family theater-From etruscans to renaissance.
• Medieval development, baroque painting
• Development of Larderello: Count de Larderel to Michelucci's Company Town.
• Industrial development: A driver for progress. Dinner at Villa Ginori, City Administrators and local public invited, hosted by Burgassi and Pietrogrande Dinner speech: Sustainable Development and Globalization, Mr. Masullo

Sunday Feb 9:
Morning: Site visits focused on specific subjects and topics:
1. Communications & transport in Pomarance, Comunità Montana Palace
2. Local Road Status and Plans, Comunità Montana
3. Autostrada project, Current Status
4. Infrastructure and the Environment, Arch Zanchini, Director of Urban Design at Legambiente
5. Service supplier (autolinee)
6. Geothermal Industry Issues and Requirements, Martignoni
7. Development plans for Larderello Museum's auditorium.
8. Small and mid size businesses Perspective, Massimo Conti, Isolver
9. Area development plan, Gherardini
10. The Chimica di Larderelloís crisis and possible outcomes
11. Agri-tourism as a driver for economic growth, Andrea Cinotti, and Parvus Flos
12. The European Union and Local Funding Opportunities, Mr. Gentili
Lunch, hosted by Burgassi
Afternoon: Geothermal activities, prospects and company's development, Pietrogrande

Site Visits:
1.The Peccioli bio-gas project on municipal waste landfill
2.The Enel Geothermal museum: guided visit to the past history and industry
3.Visit to Bagno a Morbo, archaeological site of ancient thermal baths, and La Perla
Dinner at villa, followed by theater event in Pomarance: L'uomo è fumatore

Monday Feb 10:
Morning: site visit and introduction to District heating system, Pomarance, guided tour of the thermal power plant and visit to a residential application of the district heating system, Departure for Montecatini
1. Arrive in Montecatini at La Miniera: a copper mine turned into a museum recently renovated & restored for touristic purposes, Burgassi
2. Walking tour of Volterra, an example of successful revitalization of a medieval town, w/ Burgassi
3. Visit to Museo Guarnacci, famous for Etruscan culture, Pinacoteca and the Roman Theater.
Dinner at Castle della Maggione.
Dinner Speech: Mr. Tommaso Franci, Regional Authority for Environment, presentation of innovative environmental projects in the Region.

Tuesday Feb 11:
Morning: Drive to Florence, walking tour of Florence, including Palazzo Vecchio
Evening reception for Faculty at Galilei's estate in Costa Sangiorgio, Florence, with Patrizia Pietrogrande

Wednesday Feb 12:
Work groups addressing each its own subject (8,30AM - 6,00 PM)
Drivers available to review sites or to make further interviews–Pietrogrande
Architect studio fully staffed available to students (8,30 - 6,00 PM) –Carbonara
Lunch at Mensa–Burgassi
Relax at swimming pool or tennis/soccer field (6,00 - 7,30 PM) –Burgassi
Dinner at villa–Burgassi

Dinner speech on architect Michelucci and his
company town design (Bassan)—Carbonara

Thursday Feb 13:
Discussion with Francesco Gherardini, President
of the Comunità Montana Alta Val di Cecina, and
Claudia Bartoli of the Business Innovation Centre in
Tuscany, and Maurizio Gentili of Enel.
Columbia students form working groups with
students Rome and Florence Universities and work
in studio Villa Ginori. Groups are asked to map the
cross-section and programs of the Val di Cecina
and coordinate the work by dividing the valley into
segments.

Friday Feb 14:
Students present analysis findings in a public
briefing in the Geothermal Museum's Auditorium,
followed by a broader discussion with members of
Columbia, Rome and Florence faculty.

Saturday Feb 15:
Departure to Rome and US Embassy reception.

Sunday Feb 16:
Return to New York City

Yu-Heng Chiang, Cheng-Hao Lo

Larderello branded
Larderello D.O.C.

Valle Secolo power plant
Centrale di Valle Secolo

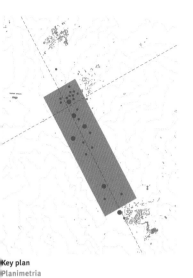

Key plan
Planimetria

This project proposes to take Larderello back to the future, by shifting its economic and social focus from industrial use back to the spa culture of the Romans.

The geothermal phenomena of central Tuscany have been celebrated for their medicinal qualities and their mineral potential since the Etruscan Age. A large public bath and health resort called Bagno al Morbo was a popular destination for the Romans in the 1st -3rd century AD. Later, the Medici family had a spa on the banks of the river that flows through Larderello. Only relatively recently in the 1800s did the Larderel Company begin to drill for steam to produce heat, boric acid, and electricity for industrial production, which has now peaked in production. With the branding potential of the former Roman and Medici baths, and the economic advantages of using local minerals and geothermal heated greenhouses to produce raw materials for beauty products, post-industrial Larderello can achieve its former glory as a destination for health, beauty, and spa lovers.

The approach is to marshal the existing physical and historic aspects of the site and to add a layer of new programs to transform Larderello into both a tourist destination and an autonomous and viable town. A spatial and branding analysis of the campus like building layout of Enel's facilities, and of the local topography, scenery, mineral and geothermal resources, indicates that a private business could position itself here as a premier world center for a new typology of destination spa, where tourism and ecology, production and consumption, sustainability and marketing, farming and vacationing would merge into a completely new experience.

Il progetto suggerisce di riportare Larderello "indietro nel futuro", spostando all'indietro il suo motore economico e sociale, da gli usi industriali alla cultura termale degli antichi Romani.

I fenomeni geotermici della Toscana centrale sono stati esaltati per le proprietà curative ed il loro potenziale minerale sin dagli etruschi. Una vasta area termale pubblica chiamata Bagno al Morbo era una meta popolare tra i Romani nei secoli I e III d.C. Più tardi, la famiglia Medici possedeva un bagno termale presso il corso d'acqua che attraversa Larderello. Solo recentemente, nell'800, la 'Società Larderello' iniziò le perforazioni del terreno per l'utilizzo dei vapori, per il riscaldamento, per la produzione di acido borico e di elettricità per l'industria, che ha recentemente raggiunto il suo massimo.

Con un potenziale marchio delle terme, sfruttate anticamente dai Romani e dai Medici, e i vantaggi economici derivati dall'uso delle risorse minerali locali e della geotermia, per il riscaldamento di serre per la coltura di prodotti base per l'industria cosmetica, Larderello postindustriale può riconquistare la sua antica gloria come luogo di attrazione per i cultori della salute, del corpo e delle acque termali.

Il progetto si propone di valorizzare le caratteristiche fisiche e storiche del luogo, sovrapponendovi nuovi programmi per la trasformazione di Larderello in un polo d'attrazione turistico e in città autonoma e vitale. L'analisi spaziale e del 'marchio' dell'insieme delle costruzioni del centro Enel, quasi un 'campus', uniti agli aspetti della topografia del luogo, del paesaggio, delle risorse minerarie e geotermiche, suggeriscono che l'iniziativa privata

Spa in cooling tower
Piscina termale nella torre di raffreddamento

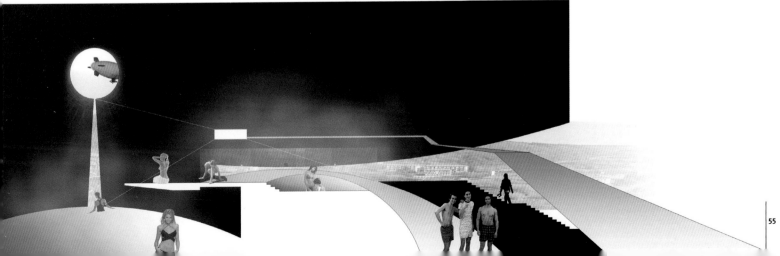

Larderello - Castelnuovo, rebranded
Nuovo marchio per Larderello - Castelnuovo

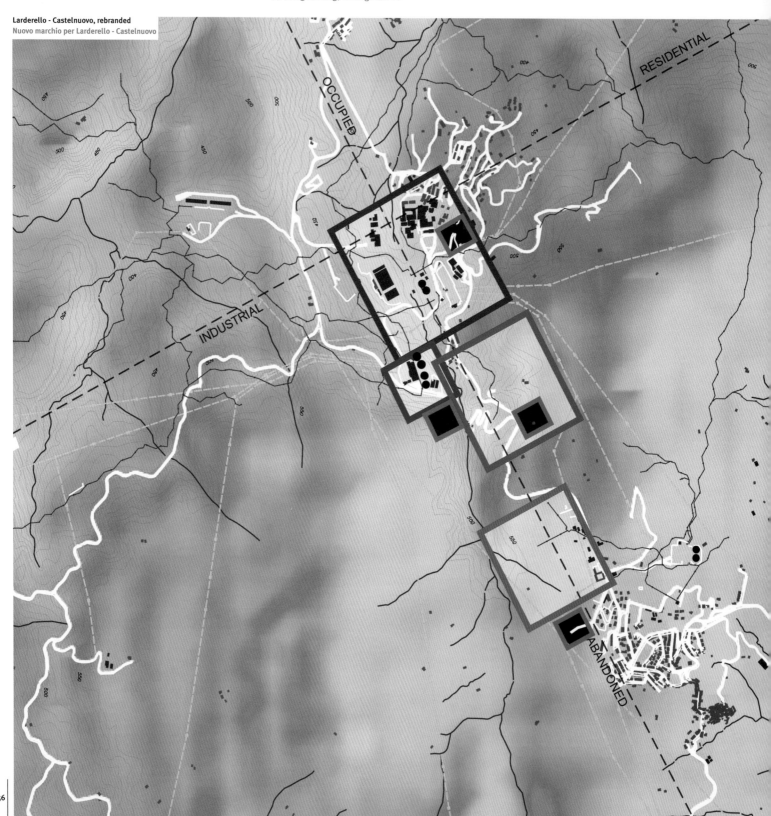

Bar-code diagram
Diagramma a barre

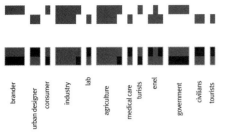

brander
urban designer
consumer
industry
lab
agriculture
medical care
turists
enel
government
civilians
tourists

International beauty companies with strong identity and environmental awareness (such as The Body Shop, Origins, or Aveda) could further enhance their brand through the development of a physical campus: a place to receive international guests at the hotel and spa, to grow and experiment with new herbal and mineral-based products and to host corporate retreats. The sale of targeted parcels of Enel's land to one of these companies would be both highly profitable and environmentally in keeping with the surrounding towns and land use, bringing new jobs to the area, while raising the profile of the Val di Cecina's overall ecological and tourist character. Lastly, the shift from chemically-based to herbal-based cosmetics means that the geothermally heated greenhouses of Larderello area could be used for growing herbs and plants for incorporation into locally made and branded beauty products, and may become competitive in the health and beauty market.

può trovar qui luogo privilegiato a livello mondiale per un nuovo tipo di centro termale in cui turismo ed ecologia, produzione e consumo, sostenibilità e mercato, agricoltura e vacanze, si fondono in un'esperienza completamente nuova.
Società internazionali di prodotti di bellezza con forte identità di marchio e con consapevolezza delle problematiche ambientali (per.es. Body Shop, Origins, Aveda, Nivea) potrebbero rafforzare il loro marchio con la realizzazione di un 'campus fisico', ricevere ospiti internazionali presso un hotel con le terme, sperimentare la coltivazione di nuovi prodotti di erboristeria o minerali, organizzare 'corporate retreat' (convegni interni). La vendita mirata di appezzamenti di terreno di proprietà Enel a una di queste società risulterebbe, da un lato assai conveniente, dall'altro compatibile dal punto di vista ambientale con i centri della zona e con l'uso del suolo, portando nuova

MARKETING

promotion center

historic museum

tourist center
market
plaza

geothermal museum

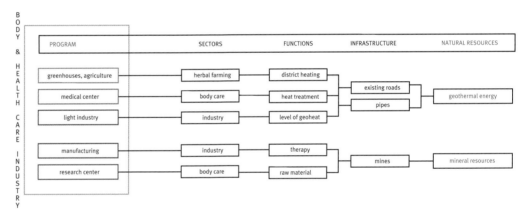

development diagram
diagramma di sviluppo

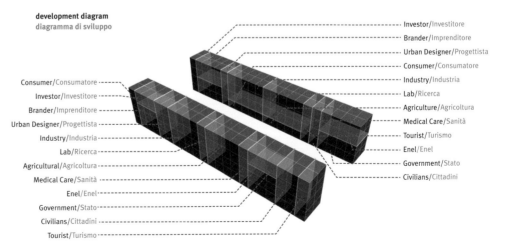

Yu-heng Chiang, Cheng-hao Lo

Beauty spa downtown
Centro termale

Flower farm
Vivaio

Cooling tower steam
Vapori nella torre di
raffreddamento

Product promotion center
Centro di promozione dei
prodotti locali

Product promotion center
Centro di promozione dei
prodotti locali

Plaza
Piazza pedonale

[LOFT SPACE]
STEAM WELLS]
[SPRING WELLS]
LOCAL ECONOMY]
[PROGRAMMATIC DETOUR]
- NORTH ATTRACTION -
- INDUSTRIAL TOWN -
- MEDIAVAL TOWN -

GEOTHERMAL INFRASTRUCTURE
INFRASTRUTTURA TERMALE

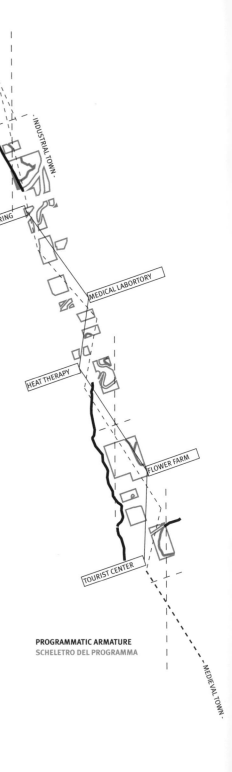

- NORTH ATTRACTION -
- INDUSTRIAL TOWN -
BEAUTY MANUFACTURING
MEDICAL LABORTORY
HEAT THERAPY
FLOWER FARM
TOURIST CENTER
- MEDIEVAL TOWN -

PROGRAMMATIC ARMATURE
SCHELETRO DEL PROGRAMMA

Medical lab
Laboratori farmaceutici

Cosmetic manufacturing plant
Fabbriche di cosmetici

Medical spa reuse
Riapertura delle terme

Offices
Uffici

Geothermal museum
Museo della geotermia

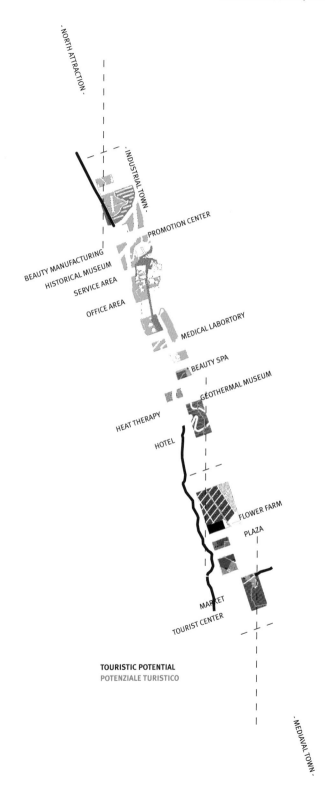

- NORTH ATTRACTION -

INDUSTRIAL TOWN -

PROMOTION CENTER

BEAUTY MANUFACTURING
HISTORICAL MUSEUM
SERVICE AREA
OFFICE AREA

MEDICAL LABORTORY

BEAUTY SPA

GEOTHERMAL MUSEUM

HEAT THERAPY

HOTEL

FLOWER FARM

PLAZA

MARKET

TOURIST CENTER

- MEDIAVAL TOWN -

TOURISTIC POTENTIAL
POTENZIALE TURISTICO

Yu-heng Chiang, Cheng-hao Lo

Mineral potential + geothermal green energy + tuscan countryside = spa urbanism
Risorse minerarie + energia pulita geotermica + campagna toscana = civiltà termale

Beauty spa proposal
Proposta per un centro benessere

New facilities are located in between Castelnuovo, a highly picturesque medieval town that has recently been redeveloped, and Larderello, the epicenter of geothermal energy production, in order to connect maximum tourist potential of the classic Tuscan hill town with the economic and productive benefits of the geothermal heated greenhouses. The spa complex alternately merges with and frames with the existing landscape and is comprised of multiple buildings in a dispersed, linear campus like setting to encourage the act of walking and looking into the landscape. Greenhouses, product development and promotion centers, lodging facilities, heat therapy centers, and hiking and biking trails are carefully sited among existing buildings, fumaroles, and natural steam baths.

Centered on a new spa, and bolstered by the harvesting of abundant local minerals and the use of geothermal-heated greenhouses to produce associated herbal health and beauty products, this design strategy offers a blueprint for the future of Larderello, a service-based economy that takes the best of global business and market strategy together with its local geothermal and mineral resources, breathtaking landscape, and tourist potential and grows the area in keeping with Tuscany's sustainable development framework.

occupazione nell'area e allo stesso tempo elevando il livello generale delle capacità eco-turistiche della Val di Cecina. Con il cambio di tipo di produzione cosmetica da chimico a naturale, le serre della zona di Larderello possono divenire competitive nel mercato dei prodotti di bellezza e per la salute, con la coltivazione di essenze e piante medicinali da inserire nella produzione locale di prodotti cosmetici con marchio controllato, invece di servire alla produzione alimentare da esportazione o per consumo proprio.

Alcuni nuovi servizi vengono localizzati tra Castelnuovo, assai suggestivo paesino medievale recentemente ingranditosi, e Larderello, epicentro produttivo dell'energia geotermica, allo scopo di concentrare il massimo potenziale turistico della tipica cittadina collinare toscana ed i benefici economici e produttivi delle serre riscaldate con la geotermia. Il complesso termale da un lato si inserisce e dall'altro fa da cornice al paesaggio circostante e si compone di diversi edifici separati disposti linearmente in uno spazio tipo 'campus', per invitare ad azioni come il 'camminare' e il 'guardare' il paesaggio. Serre, sviluppo della produzione e nuovi centri di promozione, alloggi, centri di cura termale, sentieri escursionistici, piste ciclabili, tutti sono localizzati con cura tra gli edifici esistenti, le fumarole e le sorgenti di vapore naturale.

Un programma basato sul nuovo centro termale e sostenuto dall'abbondante disponibilità di minerali locali, con serre riscaldate da energia geotermica per la produzione combinata di prodotti medicinali e cosmetici a base naturale, offre l'ipotesi di progetto per il futuro di Larderello. Un'economia centrata sui servizi, che sfrutta il meglio del mercato mondiale e delle sue strategie assieme alle proprie risorse, geotermali e minerali, al suo sorprendente paesaggio, al potenziale turistico, sviluppando l'area in modo sostenibile rispetto al modello evoluto della Toscana.

Hotel
Proposta di hotel

Lei Li, Sangwoo Lee, Sei Yong Kim, Stephanie Park

Incremental transformation
Trasformazioni graduali

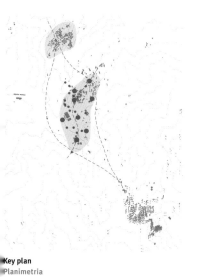

Key plan
Planimetria

It has become a global phenomenon that rural places are continuously losing jobs and population due to changing technologies and shifting economic conditions. As cities grow, they attract more and more population and resources away from their rural counterparts, and the question rises as to what the future of these rural places might be. Larderello, a rural factory town, is threatened by this condition, which is exacerbated by the replacement of Enel factory jobs by plant automation and the consequent reduction of its workforce. It lacks new opportunities, is populated by an aging citizenry, has little public transportation, and is increasingly comprised of abandoned historic and industrial buildings. The depletion of human capital and subsequent decay of the community and infrastructure, coupled with Larderello's incredible potential as an important source of knowledge about renewable energy, demands a joint social and ecological revitalization approach and the creation of a new public-private partnership among the local community, Enel, and others in the financial sector, in order to bring about both social and economic recovery.

This new administrative entity would serve as the lead agency responsible for facilitating and overseeing the change process. The concept of this project is that festivals, which are temporal events that have low startup costs, would be initiated by this new public-private partnership agency, and would become a catalyst for gradual change over time. By taking advantage of the potential of the existing human, cultural, and historical resources

La continua perdita di occasioni di lavoro nelle aree rurali e il loro spopolamento, dovuti allo sviluppo tecnologico e al cambiamento delle condizioni economiche sono ormai fenomeni diffusi. Con la crescita delle città, queste attraggono sempre più popolazione e risorse, distogliendole al contrario dalla campagna, così si pone la domanda su quale debba essere il loro futuro. Larderello, una città-fabbrica di tipo rurale è ora minacciata da questa condizione ed esacerbata dalla riduzione dell'occupazione, dovuta all'automazione degli impianti Enel. Mancano nuove opportunità di lavoro, la popolazione è in forte invecchiamento, il trasporto pubblico è insufficiente; infine, la città è costituita da un numero crescente di edifici storici ed industriali abbandonati.

Lo svuotamento di capitale umano e il conseguente decadimento della comunità e delle infrastrutture, unito all'incredibile potenzialità di Larderello come importante fonte di sapere nel settore delle energie rinnovabili, richiedono iniziative di rivitalizzazione del sociale e dell'ambiente naturale e la creazione di una nuova entità amministrativa a formazione mista, pubblico-privata, cui partecipi la comunità locale, Enel e altri soggetti del settore finanziario, al fine di realizzare il risanamento, sia sociale che economico.

Questa nuova entità amministrativa dovrebbe funzionare da agenzia guida, responsabile per la semplificazione e il controllo del processo di cambiamento. Il concetto di questo progetto è che i festival, eventi temporanei con costi iniziali bassi, dovrebbero all'inizio essere guidati dalla nuova agenzia mista pubblico-privata, diventando in

Proposed revitalization process
Proposta di processo di sviluppo

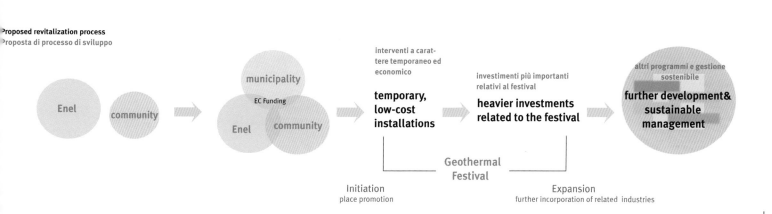

Lei Li, Sangwoo Lee, Sei Yong Kim, Stephanie Park

Proposed site plan
Planimetria di progetto

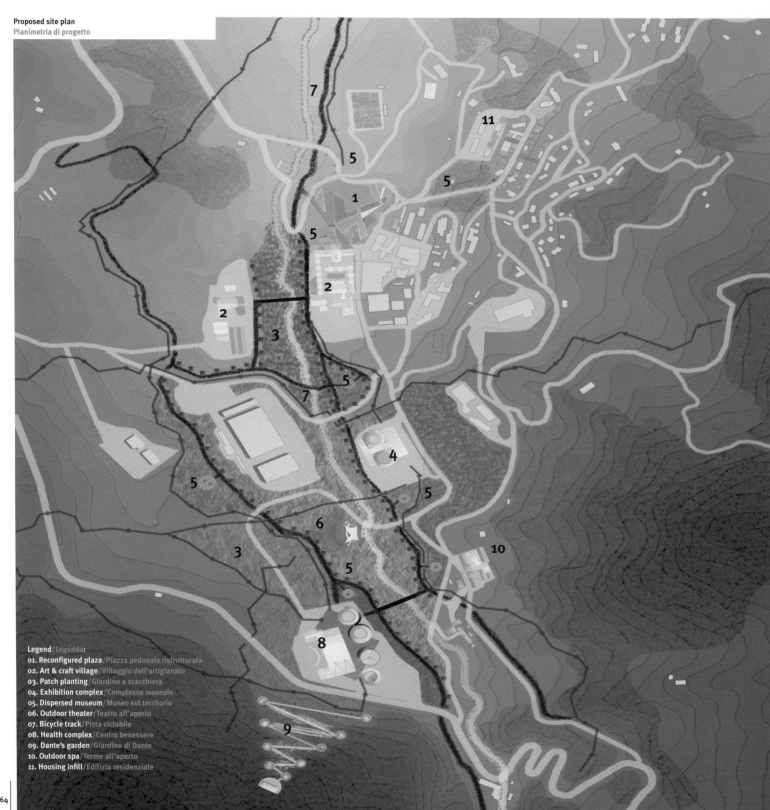

Legend/Legenda:
01. **Reconfigured plaza**/Piazza pedonale ristrutturata
02. **Art & craft village**/Villaggio dell'artigianato
03. **Patch planting**/Giardino a scacchiera
04. **Exhibition complex**/Complesso museale
05. **Dispersed museum**/Museo sul territorio
06. **Outdoor theater**/Teatro all'aperto
07. **Bicycle track**/Pista ciclabile
08. **Health complex**/Centro benessere
09. **Dante's garden**/Giardino di Dante
10. **Outdoor spa**/Terme all'aperto
11. **Housing infill**/Edilizia residenziale

that are present in the very heart of the place, and the complex profile of stakeholders and potential investors (rather than waiting for a single governmental agency or outside private investor alone to take responsibility) the festival concept provides a realistic strategy for the transformation of the place.

It is proposed that this agency, as a first step, organizes a "Geothermal Festival" to celebrate the natural, historical, cultural, and infrastructural character of the Larderello area, showcasing its unique landscape and the potential of sustainable energy. This festival can be thought of as a tool to promote the area to the larger part of Italy, to the European Community, and to the rest of the world and would involve the reuse of existing facilities and landscape installations to attract initial interest in Larderello. Festivals with expanded themes such as "Food and Wine," "Art and Industry," and a proposed "Dante Literary Festival" will then begin to occur annually. The infrastructural requirements and amenities needed for each festival can begin to provide a diversity of new built and landscape systems throughout Larderello over time. Each festival triggers new growth and incremental additions to the urban fabric. These built elements, or "residue" from festival planning become important in the year-round revitalization and functioning of the place. For example, the "Geothermal Festival" can result in a reconfigured central Plaza de Larderel and generate the renewal of a spa industry within the abandoned industrial core. The "Arts and Industry Festival" can evolve into a mature local crafts industry,

seguito, nel tempo, catalizzatori per un graduale cambiamento. L'idea del festival fornisce una strategia realistica per la trasformazione dell'area, traendo vantaggio dalla potenziale disponibilità di risorse umane, storiche e culturali presenti nel cuore della valle e dal complesso insieme di persone interessate e investitori potenziali (anziché attendere l'iniziativa di una singola agenzia governativa o quella di un investitore privato esterno unico responsabile). Si propone che questa agenzia, come primo passo, organizzi un 'Festival della Geotermia' per celebrare il carattere naturalistico, storico, culturale e infrastrutturale dell'area di Larderello, promuovendo l'immagine del suo incomparabile paesaggio e delle potenzialità di sviluppo dell'energia sostenibile. Questo festival può essere concepito come uno strumento per stimolare l'interesse sull'area presso il resto dell'Italia, l'Unione Europea, il resto del mondo. Ciò comporterebbe il riutilizzo dei servizi esistenti e delle installazioni del paesaggio per attrarre inizialmente l'attenzione su Larderello; annualmente comincerebbero poi ad aver luogo altri festival a tema, quali ad esempio quello su 'Cibi e Vini', su 'Arte e Industria', e il proposto 'Festival Letterario su Dante'. Col tempo, la richiesta di infrastrutture e servizi per i festival comincerebbe a dotare tutta l'area di Larderello di una varietà di nuove costruzioni e paesaggio. Ogni festival attira nuovo sviluppo e crescita progressiva del tessuto urbano. Tali elementi costruiti, o 'residui' della programmazione dei festival, diventano importanti

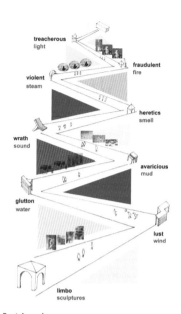

Dante's garden
Giardino di Dante

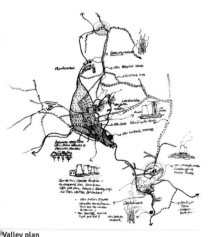

Valley plan
Planimetria della valle

EVENT PHASING

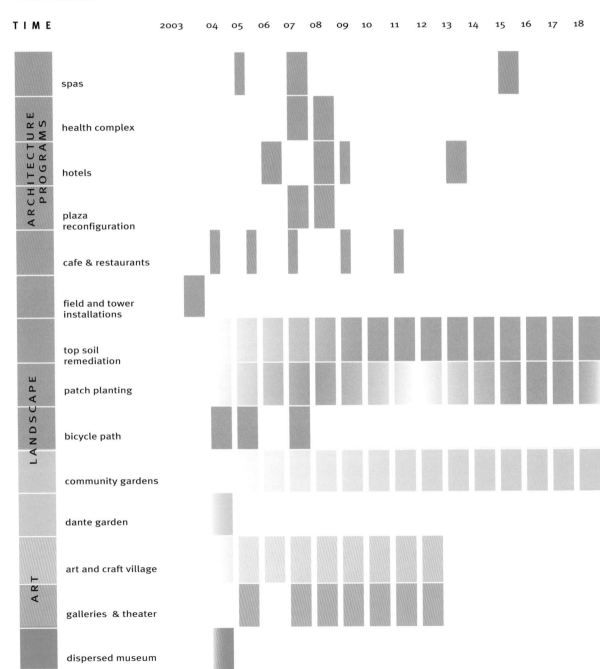

creating an Arts and Crafts Village and Pottery Facilities. The "Dante Literary Festival" can provoke the creation of a new Dante Garden for the community.

Although the festival idea is common to small Tuscan hill towns, the "Festival for all Seasons" concept has the potential for year-round activity, allowing a permanent source of revenue and for the incremental addition of new construction to the valley. This initial process of place-promotion is essential if heavier and more intensive investments are to be brought in later. With an incremental approach, Larderello has the potential to grow from a minimal initial investment and dispersed new construction, taking into account the need for continuous transition and the need for deeply rooted cultural and economic solutions that will gradually transform the town over time.

per la funzionalità dell'area e la sua rivitalizzazione durante tutto il corso dell'anno. Per esempio, il 'Festival della Geotermia' potrebbe aver luogo in una ristrutturata piazza de Larderel, inducendo il rinnovamento dell'industria termale proprio al centro del complesso industriale abbandonato. Il Festival 'Arte e Industria' potrebbe trasformarsi in una sviluppata attività di artigianato locale, creando un 'Villaggio dell'Artigianato' e fornendo attrezzature per la fabbricazione della ceramica artistica. Il 'Festival Letterario su Dante' potrebbe fornire alla comunità un nuovo giardino intitolato al grande poeta.

Sebbene l'idea di festival sia comune nei piccoli centri collinari Toscani, il concetto di 'Festival per tutte le stagioni' possiede il potenziale per sviluppare attività durante tutto l'anno, consentendo una fonte di guadagno costante e un graduale aumento dell'attività costruttiva nella valle. Il processo iniziale di promozione del luogo è essenziale se si vuole giungere a investimenti più consistenti ed importanti nel futuro. Con l'approccio graduale, Larderello possiede la capacità di poter crescere con un minimo investimento iniziale e pochi nuovi interventi edilizi, tenendo presente la necessità di un continuo sviluppo e il bisogno di soluzioni economiche fortemente radicate culturalmente, che trasformino progressivamente la città nel tempo.

Time line
Diagramma temporale

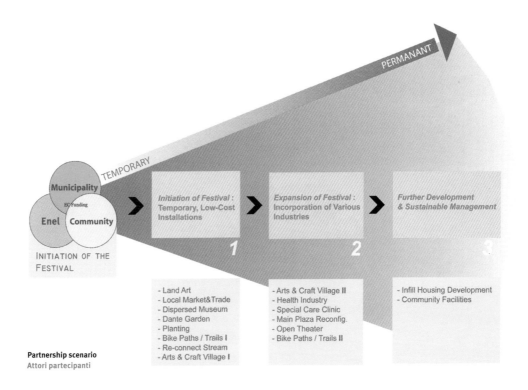

Partnership scenario
Attori partecipanti

Lei Li, Sangwoo Lee, Sei Yong Kim, Stephanie Park

2006 - PHASE 1 / FASE 1

Dispersed geothermal museum, patch planting, bike trails / pedestrian paths, community garden, land art, local market and fair ground, outdoor theater, Dante's garden, art & craft village, reconnected stream,
Museo territoriale della geotermia, giardino a scacchiera, piste ciclabili / sentieri pedonali, giardino pubblico, land art, mercato e fiera, teatro all'aperto, giardino di Dante, villaggio dell'artigianato, via d'acqua di collegamento.

Outdoor theater/Teatro all'aperto

Art and craft village, tower installation/Villaggio dell'artigianato, installazione artistica nelle torri

Market/Mercato

**Temporal events and low cost installations
serve as catalyst for change.**
Eventi temporanei e installazioni a basso costo fungono da catalizzatori per il cambiamento.

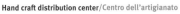

Hand craft distribution center/Centro dell'artigianato

Lei Li, Sangwoo Lee, Sei Yong Kim, Stephanie Park

2012 - PHASE 2 / FASE 2

Main plaza reconfiguration, health complex and exhibition complex
Ristrutturazione della piazza principale, centro benessere e complesso museale

Cooling tower re-use/Reimpiego delle torri

Plaza Leopolda redesign/Riprogettazione di piazza Leopolda

2018 - PHASE 3 / FASE 3

Hotels, spa facilities, densification of existing housing fabric
Hotel, strutture termali, aumento della densità fondiaria

Patch planting/Giardini a scacchiera

Path planting at cooling tower/Sentieri verdi

New roadside landscape/Nuovo paesaggio stradale

Yu Chia Hsu, Amoreena Roberts, Kratma Saini, Pavi Sriprakash

Steam pipes
Vapordotti

Pulsating networks
Sistemi dinamici

Key plan
Planimetria generale

Although Larderello sits in the center of Tuscany, one of the most renowned tourist regions in the world, the town is bypassed by the majority of visitors to the region and generates little income and energy from outside tourism. Owned and operated solely by Enel, it also suffers from programmatic uniformity, in that the singular ownership and land use does not support the mix of economic, tourist, and social activity necessary to make it a dynamic and viable town. Larderello has no pulse.

This project proposes to bring new life and activity to Larderello in two ways: first, by stretching the conventional tourist calendar to year-round activity by adding new types of program or new pulses of activity and energy to the area, and, second, by weaving these programs into the surrounding network of existing activities and urban fabric by strengthening physical connections in the region.

A key idea in diversifying the programmatic activities is to extend the tourist calendar from its single peak in August to one that is dynamic and year-round, by introducing new adventure tourist programs and marketing

Sebbene Larderello si trovi al centro della Toscana, una delle regioni turistiche più famose al mondo, il paese non è incluso tra le mete della maggior parte dei visitatori della regione e riceve poco profitto e impulsi dal turismo esterno. Di proprietà e governata unicamente dall'Enel, risente altresì di uniformità di programmazione, poiché il monopolio di beni e terreni non riesce a vivacizzare quell'insieme necessario di attività economiche, turistiche, sociali, atto a trasformarla in una città dinamica e vivibile.
Larderello non pulsa.

Questo progetto si propone di portare a Larderello nuova linfa vitale e nuove funzioni in due modi: in primo luogo, estendendo il calendario tradizionale delle attività turistiche a tutto l'anno, introducendo nell'area programmi diversi, o anche nuovi stimoli e forze. In secondo luogo, intrecciando questi nuovi programmi con quelli attuali e con il tessuto urbano, sviluppando i collegamenti fisici della regione.

L'idea chiave per la diversificazione delle attività è quella di ampliare il calendario turistico dall'unico picco del mese di agosto ad un progetto dinamico esteso a tutto l'anno, che inserisce programmi nuovi per il turismo

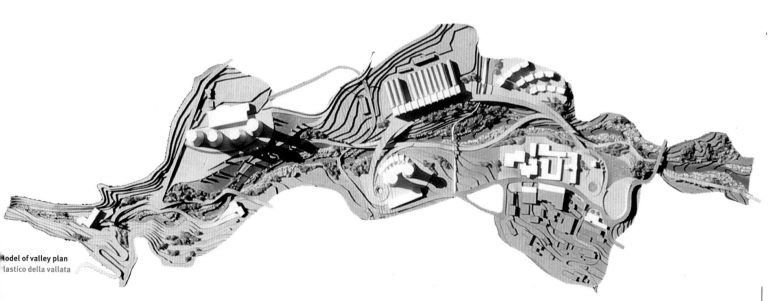

Model of valley plan
Plastico della vallata

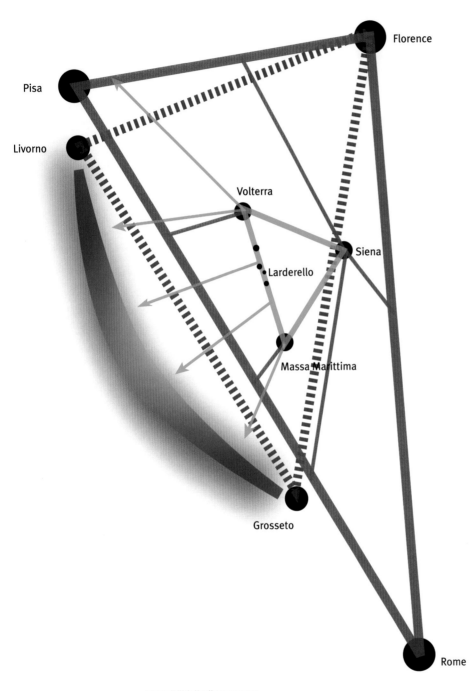

Legend:

global triangle (airport/train)	triangolo a scala globale
regional triangle (train/car)	triangolo a scala regionale
tourist triangle	triangolo del turismo
sea-side attractor	movimenti verso il mare

Labels on diagram: Florence, Pisa, Livorno, Volterra, Siena, Larderello, Massa Marittima, Grosseto, Rome

Small diagram labels: pisa firenze roma; firenze pisa grosseto; volterra siena massa marittima

Valley Scale:
Larderello is situated in the center of a smaller pulse of activity - Pomarance, Castelnuovo and Serrazzano. This area caters to a mixture of interests: agri-tourism, bicycle tours, hiking, and small hill town stops. The area also has potential for spa tourism, educational and research activities. The current calendar of activities shows that an uneven income was being generated in the valley. The solution is to infuse new activity into this calendar to produce a consistent level of input.

Scala della valle:
Larderello è localizzata al centro di una piccola area attiva – Pomarance, Castelnuovo, Serrazzano. Quest'area corrisponde ad un altro tipo di interessi vari: agriturismo, cicloturismo, escursionismo a piedi e brevi soste nei paesi di collina. L'area promette sviluppo nel turismo termale, nelle attività didattiche e di ricerca. L'attuale calendario delle attività mostra nella valle la produzione di un reddito diseguale. La soluzione è immettere nuove attività in questo calendario, per produrre un forte livello di sviluppo.

Larderello's potential for new network and infrastructure connections were initially studied at the global, regional and valley scales.

Le possibilità di sviluppo per una nuova rete di interconnessioni infrastrutturali per Larderello sono state inizialmente studiate su scala generale, poi a livello regionale e della valle.

strategies. Since Larderello is "off the map" and difficult to access, the valley retains much of its pristine countryside, inviting travelers looking for a unique outdoor experience. Adventure tourism in the form of hiking, horseback riding, and bicycle training and can draw a new type of tourist to the region, one willing to stay longer than the typical daily visitor to cultural and art museum sites. In addition to these adventure activities, agricultural tourism, spa tourism, and historic and educational sustainable energy programs have potential to diversify and lengthen the typical tourist experience and expand the local economic benefits throughout the

sportivo e strategie di mercato. Grazie alla difficoltà di accesso ed al suo essere 'fuori dalle carte', la valle di Larderello conserva molto del suo originario paesaggio, attrazione per i viaggiatori desiderosi di un'esperienza all'aperto unica. Il turismo sportivo quale l'escursionismo a piedi, a cavallo o in bicicletta, può attrarre nella regione un tipo nuovo di turista, quello che desidera sostare più a lungo del tipico turista in visita giornaliera ai luoghi d'arte e ai musei. Oltre a questo tipo di attività, anche l'agriturismo, il turismo termale e i programmi storici e

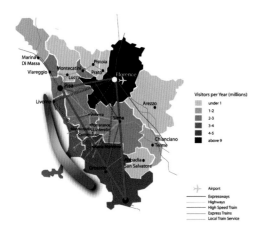

Regional Scale:
Within Tuscany, there is a similar influx and mix of travelers. Zooming in, another triangle of activity emerges - Volterra, Siena and Massa Marittima. Visits to these areas may engage another type of tourist, with longer stays and different activities such as spa trips and seaside visits.

Scala regionale:
All'interno della Toscana il flusso turistico è simile; ingrandendo la scala, emerge un nuovo triangolo – Volterra, Siena e Massa Marittima. Esso interessa un tipo differente di turista, le permanenze nell'area sono potenzialmente più lunghe e implicano diverse attività quali gite ai centri termali e al mare.

Global Scale:
Research into the demographics of travelers in Italy shows that diverse groups from the EU, Asia, and the US are coming for many reasons including culture, art, and architecture. Larderello is surrounded by, but does not immediately benefit from, this tourist activity. The three largest tourist destinations - Rome, Florence and Pisa - form a triangle of potential global connection around Larderello and serve as the first zone of analysis.

Scala globale:
L'analisi statistica degli arrivi in Italia mostra come diversi gruppi, dall'Unione Europea, dall'Asia e dagli Stati Uniti, raggiungono la toscana per diversi motivi, tra cui la cultura, l'arte e l'architettura. Larderello è contornata da questi flussi turistici, ma non ne trae vantaggio direttamente. Le maggiori destinazioni – Roma, Firenze e Pisa – formano un triangolo di connessioni generali intorno a Larderello che serve a definire una prima area di analisi.

year. Enel could initiate the process by opening up and activating its vacant secure area, and renovating its structures to provide amenities geared towards these types of uses.

A parallel idea is to add new layers of public transportation, bicycle and pedestrian paths in order to connect the programs to each other, to provide bikeways and walkways for adventure tourism, and to weave the town into its larger setting. A new regional train connects Larderello to Volterra, which currently functions as the gateway to the area from the North, and local bus routes are introduced to connect Pomarance, Castelnuovo, and Serrazzano.

In and around Larderello, bike and pedestrian paths are added along the riverbank to connect local stops with the surrounding countryside. The generation of these new programs, coupled with the strengthening of regional and local transportation systems, could stimulate the economy throughout the Cecina valley and begin to spark Larderello's rebirth as a dynamic, diverse, and vital town.

didattici sull'energia sostenibile, hanno potenzialmente la capacità di diversificare ed ampliare l'offerta turistica tradizionale ed estendere a tutto l'anno i benefici economici locali. Enel potrebbe iniziare il processo aprendo al pubblico la sua zona chiusa e inutilizzata, rinnovandone le strutture per fornire opportunità indirizzate a quegli usi. Un'idea parallela è quella di inserire nuovi modi di fruizione attraverso il trasporto pubblico, le piste ciclabili e le strade pedonali, per connettere tra loro i programmi e fornire vie ciclabili e pedonali per il turismo sportivo e legare il paese al territorio circostante. Un nuovo treno regionale unisce Larderello a Volterra, ingresso all'area per chi viene da Nord, e linee locali di autobus vengono aggiunte per unire Pomarance, Castelnuovo e Serrazzano. A Larderello e dintorni vengono disegnate piste ciclabili e sentieri pedonali lungo il torrente, per collegare la campagna circostante ai singoli luoghi. La creazione di questi nuovi programmi assieme al rafforzamento dei sistemi di trasporto regionale e locale possono stimolare l'economia della Val di Cecina e favorire la rinascita di Larderello come città dinamica, differente, vitale.

Adventure sport
Sport ed escursionismo

Agri-tourism
Agriturismo

Spa - relaxing
Terme e benessere

Educational
Cultura

Trails
Sentieri

Festival at town center
Festival nel centro cittadino

Baths
Terme

Cooling towers
Torri di raffreddamento

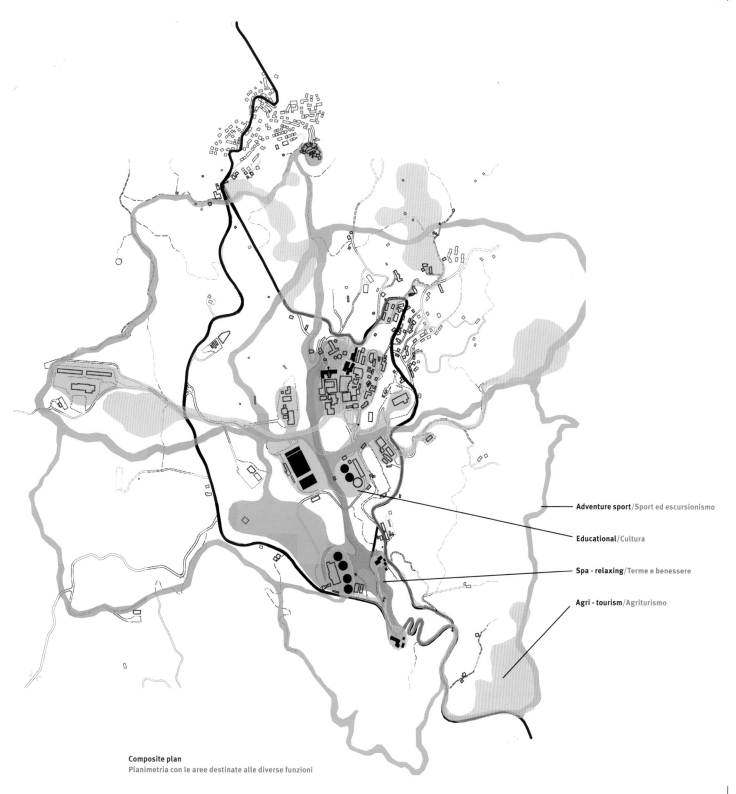

Adventure sport/Sport ed escursionismo

Educational/Cultura

Spa - relaxing/Terme e benessere

Agri - tourism/Agriturismo

Composite plan
Planimetria con le aree destinate alle diverse funzioni

Existing activity calendar
Calendario delle attività attuali

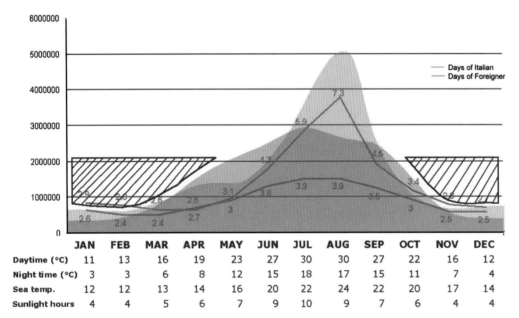

	JAN	FEB	MAR	APR	MAY	JUN	JUL	AUG	SEP	OCT	NOV	DEC
Daytime (°C)	11	13	16	19	23	27	30	30	27	22	16	12
Night time (°C)	3	3	6	8	12	15	18	17	15	11	7	4
Sea temp.	12	12	13	14	16	20	22	24	22	20	17	14
Sunlight hours	4	4	5	6	7	9	10	9	7	6	4	4

A mix of activity on a variety of scales and on a year-round basis is created through an assemblage of fields, networks, and pulses.
The fields are large surfaces of activity (surrounding vegetation, landscape, topography) that when engaged and framed could play a vital role in the revitalization of the place.
The networks are the existing and new layers of physical connections (roads, bus routes, paths, rivers, steam pipes) that link the activities and destinations.
The pulses are specific points of interest (cooling towers, piazzas, spas) that are redeveloped to host a range of activities.

Il grafico mostra un insieme di attività a diverse scale e a base annua, sovrapponendo campi, reti e punti focali.
Per campi si intendono le vaste aree di attività (la vegetazione circostante, il paesaggio, la topografia) che, se utilizzate e circoscritte, potrebbero giocare un ruolo fondamentale nella rivitalizzazione dell'area.
Le reti sono le connessioni fisiche esistenti o di progetto (strade, linee di autobus, sentieri, fiumi, vapordotti) che uniscono attività e luoghi.
I punti focali sono centri di interesse specifico (torri di raffreddamento, piazze, terme) che vengono ristrutturati per ospitare diverse attività.

Proposed activity calender
Nuovo calendario delle attività

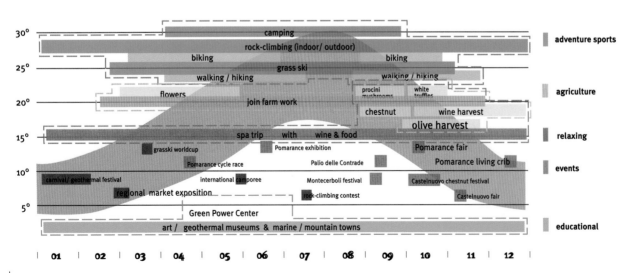

AGRICULTURE/HARVEST CALENDAR
PROGRAMMA AGRICOLO/CALENDARIO DEI RACCOLTI

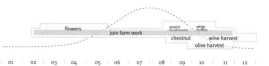

The program strategy of agriculture and produce market transforms this walking street with plazas and small courts allowing for wandering and exploring within Larderello town.
Programma agricolo
Mercato ortofrutticolo
Una strada pedonale con piazze e piccoli cortili consente di passeggiare ed esplorare Larderello

Local farms sell their produce at the central market, which provides fresh food for local cuisine restaurants as well as a central gathering and shopping area.
Le aziende agricole locali vendono i loro prodotti al mercato centrale che rifornisce ristoranti di cucina regionale e diventa una piazza commerciale e un luogo di incontro.

Yu Chia Hsu, Amoreena Roberts, Kratma Saini, Pavi Sriprakash

RECREATION-ACTIVITY CALENDAR
CALENDARIO PROGRAMMATO DELLE ATTIVITÀ DI SVAGO

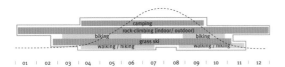

GEOTHERMAL-RE-USE CALENDAR
CALENDARIO PROGRAMMATO DEL RIUSO GEOTERMICO

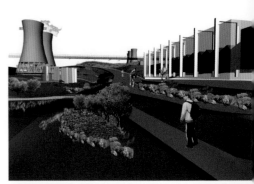

Strategy: Geothermal reuse
A new space for the Enel museum and the addition of space for a green power institute allows people from all over to come and learn about potential of green energy.
Programma di riuso geotermico: Uno spazio nuovo per il museo Enel e un volume aggiuntivo per un istituto dell'energia pulita dove da tutto il mondo si viene a conoscere le potenzialità delle rinnovabili.

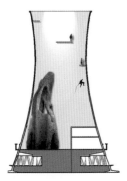

Strategy: Recreation
Potential for rock climbing in an existing cooling tower for new adventure sport activites within the region
Programma delle attività di svago
Possibilità di palestre di roccia nelle attuali torri di raffreddamento come nuova attività sportiva della regione.

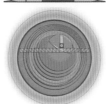

Strategy: Recreation
Bicycle excursions through Larderello are provided with rest stops, support centers, and a variety of routes to choose from.
Programma delle attività di svago:
Piste ciclabili dotate di aree sosta sono la struttura di una rete complessa a servizio di Larderello e dei centri vicini.

Strategy: Geothermal reuse
The cooling tower becomes an auditorium for lectures on sustainable energy and geothermal power, all as part of a green power center.
Programma di riuso geotermico:
La torre diventa una sala per conferenza sulle rinnovabili, parte di un più vasto centro di energia pulita.

LEISURE-CALENDAR
CALENDARIO PROGRAMMATO DEL TEMPO LIBERO

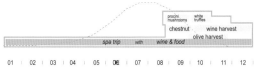

porcini mushrooms | white truffles
chestnut | wine harvest
olive harvest
spa trip | with | wine & food

01 | 02 | 03 | 04 | 05 | 06 | 07 | 08 | 09 | 10 | 11 | 12

Strategy: Leisure
Spas and hotels are provided for travelers.
Programma del tempo libero:
Terme e hotel per i turisti

Strategy: Leisure
"La Perla" becomes a destination. A new bridge allows for the expansion of a front piazza, steps lead to a new deck connecting to a path along the river.
Programma per il tempo libero:
"La Perla" diviene una meta.
Un ponte permette alla piazza di allargarsi e alcuni gradini conducono ad un nuovo terrazzo connesso al sentiero lungo il fiume.

Yu Chia Hsu, Amoreena Roberts, Kratma Saini, Pavi Sriprakash

Enel could open and activate its secure area, allow for public and private uses, and foster a variety of activities and programs throughout the calendar year.
Enel potrebbe aprire al pubblico l'area ristretta promuovendo una serie di attività e iniziative nel corso dell'anno.

Sari el Khazen, Samuel Hsiang-Min Huang, Keerthi Kobla, Josephine Leung

Ecological networks for enhancing Larderello
Sistemi ecologici per lo sviluppo di Larderello

Larderello town center
Centro di Larderello

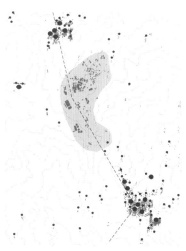

Key plan
Planimetria generale

Due to the monopoly of land ownership since the 1800s, Enel's property in Larderello offers a preserved landscape of industrial infrastructure, characterized by flying geothermal pipes, clustered institutional buildings, and monumental cooling towers, set within a traditional Tuscan landscape dotted with abandoned vernacular farmhouses. This project aims to build upon this unique condition, and the site's natural resources, by introducing a new set of institutional relationships based on joint ecological and educational programs, that build upon Larderello's identity as a center of geothermal power and knowledge, and reconfigure Enel's benefit to the local community.

The project approach was to research a site-specific set of educational programs that would easily adapt to the existing blueprint of the place. Enel has in the past attempted to create alliances with regional and global teaching and research universities. This project weaves together existing and new proposed institutional

Grazie al monopolio della proprietà terriera sin dal 1800, Enel offre a Larderello un paesaggio di infrastrutture industriali intatto, caratterizzato dalle tubazioni aeree per i vapori naturali, da edifici istituzionali riuniti in spazi comuni, dalle monumentali torri di raffreddamento, immersi nell'ambiente toscano tradizionale disseminato di casali tipici abbandonati. Il progetto mira a svilupparsi da questa condizione unica, e sfruttando le risorse naturali del luogo, introduce un insieme di relazioni istituzionali impostate su programmi sia ecologici che didattici, che si giovano dell'identità di Larderello come centro geotermico e di sapere, per reimpostare l'apporto di Enel alla comunità locale.

L'impostazione del progetto è stata quella di trovare un insieme di programmi didattici specifici per il luogo e facilmente adattabili alla sua situazione attuale. Enel in passato ha tentato di collegarsi con la scuola a livello

Networked eco research park and campus phasing strategy
Parco diffuso di ricerca ecologica e piano di sviluppo del campus

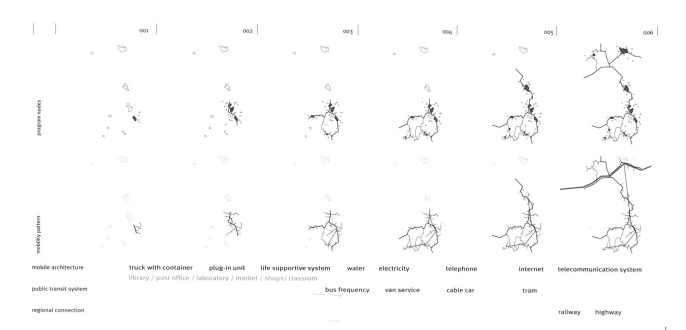

Relationships between programs and resources/Tabella di confronto programmi-risorse

NETWORKED COMPLEXITY: ABANDONED STRUCTURES, LINKAGES, SPACE, CULTURE, EDUCATION, RESEARCH PROGRAMS, GEOTHERMAL & NATURAL RESOURCES

RETE COMPLESSA: EDIFICI ABBANDONATI, CONNESSIONI, SPAZIO, CULTURA, ISTRUZIONE, PROGETTI DI RICERCA, RISORSE DELLA GEOTERMIA E DELLA NATURA

POTENTIAL SITES OF INTEGRATION in network

	castelnuovo	larderello	montecerboli	sasso pisano	serrazzano	lagoni rossi	la leccia	pomarance
00 ENEL	powerplant demonstration center district heating	powerplant research lab MIT program Geo Museum ERGAGIA	district heating	natural - phenomenon site nature paths district heating	powerplant nature paths district heating	natural - phenomenon site nature paths district heating		ERGAGIA district heating
01 PISA	DEPARTMENT OF AGRICULTURE			archaeology		earth sciences	chemical engineering	
02 MIT university		RESEARCH CENTER OF SEISMOLOGY		seismology		seismology		
03 FLORENCE university				ARCHAEOLOGY	sustainable design	GREENHOUSE TECHNOLOGY	earth sciences	
04 SIENA university		natural science		CENTER OF GEO-TECHNOLOGY			GEOLOGY	
05 BOLOGNA university	visual art		architecture	archaeology	architecture		geology	music/ performance
06 ROMA university		mineralogy		natural science		GEO-CHEMISTRY		
07 COLUMBIA university	URBAN							

(left margin labels: EXISTING/PROPOSED PROGRAMS)

RESOURCES / specificity

alliances and educational programs that could benefit from the archaeological, geothermal, and sustainable energy resources of the area.

The introduction of new educational programs transforms Enel's compoundlike property layout into a strategic asset, one attractive to institutions that require proximity and open exchange. Larderello would become an active place with a new identity as a place for learning, centered on a new public campus shared by the community and the institutions.

Due to the long-term implementation of the project, phasing and flexibility are key notions for its success. In the first phase of development, physical interventions are limited to Larderello: the abandoned cooling towers are reprogrammed, the institutional and office buildings are renovated to host new research and educational functions, and the central plaza of the town is opened up to the river

regionale e generale e con enti di ricerca universitari. Questo progetto tesse insieme vecchie e nuove proposte di alleanze istituzionali e di programmi didattici che potrebbero trarre vantaggio dalle risorse archeologiche, geotermiche e dell'energia sostenibile.

L'introduzione di nuovi programmi didattici trasforma la proprietà Enel da entità chiusa in sé a una risorsa strategica, capace di attirare a sé istituzioni che hanno bisogno di spazi vicini e aperti a scambi. Larderello potrebbe diventare un centro attivo con una nuova identità di luogo di studio, accentrato in un nuovo 'campus' pubblico, diretto dal comune e dalle istituzioni.

La realizzazione a lungo termine del progetto comporta come nozioni chiave per il suo successo lo sviluppo in fasi e la flessibilità. Nella prima fase gli interventi costruttivi sono ristretti a Larderello: le torri di raffreddamento abbandonate vengono ristrutturate, gli edifici istituzionali e gli uffici rinnovati per ospitare nuove funzioni di

The approach was to research a site-specific set of programs that would transform the existing underutilized infrastructures such as abandoned farmhouses and the campuslike setting of the Enel compound into strategic assets.

È stato individuato un insieme di progetti specifici in grado di trasformare infrastrutture esistenti poco utilizzate quali casali abbandonati e l'area ristretta degli stabilimenti Enel in beni strategici.

stignano | montecatini | volterra

ature paths

ERGAGIA

ARCHAEOLOGY

RAL
VELOPMENT

rth sciences   archaeology   MINING ENGINEER
griculture

mining
engineering

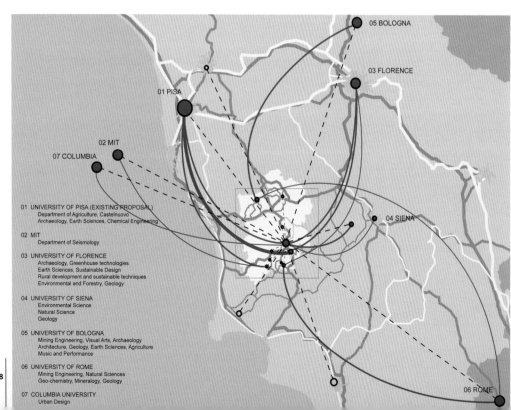

Existing Enel program
Attuale programma Enel

RESEARCH/STUDY PROGRAMS (R)
01   ENEL research laboratories (mining, environment & industry)
02   Experimental area (WWF), Livorno
03   Study lab (soil & natural phenomenon), Grosseto

EDUCATIONAL PROGRAMS (E)
01   Seismology and models (MIT), Larderello
02   Geothermal museum, Piazza Leopolda, Relief model room,
      demonstration well, Valle Secolo plant and covered lagone, Larderello
03   ERGAGIA program (high schools), Volterra, Pomarance andItaly
04   Demonstration center (professional development), Castelnuovo
05   Mining Engineering (Bologna), Larderello
06   Geology (Rome), Larderello

PROMOTIONAL/CULTURAL PROGRAMS (P)
01   Geothermal museum, Piazza Leopolda, Relief model room,
      demonstration well, Valle Secolo plant and covered lagone, Larderello
02   Demonstration center (professional development), Castelnuovo
03   Natural phenomenon area, Sasso Pisano
04   Natural phenomenon area, Lagoni Rossi
05   Cultural Center, Lucca
06   Animata information center, Grosseto
07   Geothermal plant (plant visits), Pianacce
08   Nature paths, Serrazzano - Lustignano
09   Nature paths, Sasso Pisano - Monterotondo Marittimo

Proposed research program
Programma di ricerche proposto

01 UNIVERSITY OF PISA (EXISTING PROPOSAL)
      Department of Agriculture, Castelnuovo
      Archaeology, Earth Sciences, Chemical Engineering

02 MIT
      Department of Seismology

03 UNIVERSITY OF FLORENCE
      Archaeology, Greenhouse technologies
      Earth Sciences, Sustainable Design
      Rural development and sustainable techniques
      Environmental and Forestry, Geology

04 UNIVERSITY OF SIENA
      Environmental Science
      Natural Science
      Geology

05 UNIVERSITY OF BOLOGNA
      Mining Engineering, Visual Arts, Archaeology
      Architecture, Geology, Earth Sciences, Agriculture
      Music and Performance

06 UNIVERSITY OF ROME
      Mining Engineering, Natural Sciences
      Geo-chemistry, Mineralogy, Geology

07 COLUMBIA UNIVERSITY
      Urban Design

Campus valley plan detail
Dettaglio planimetrico della valle-campus

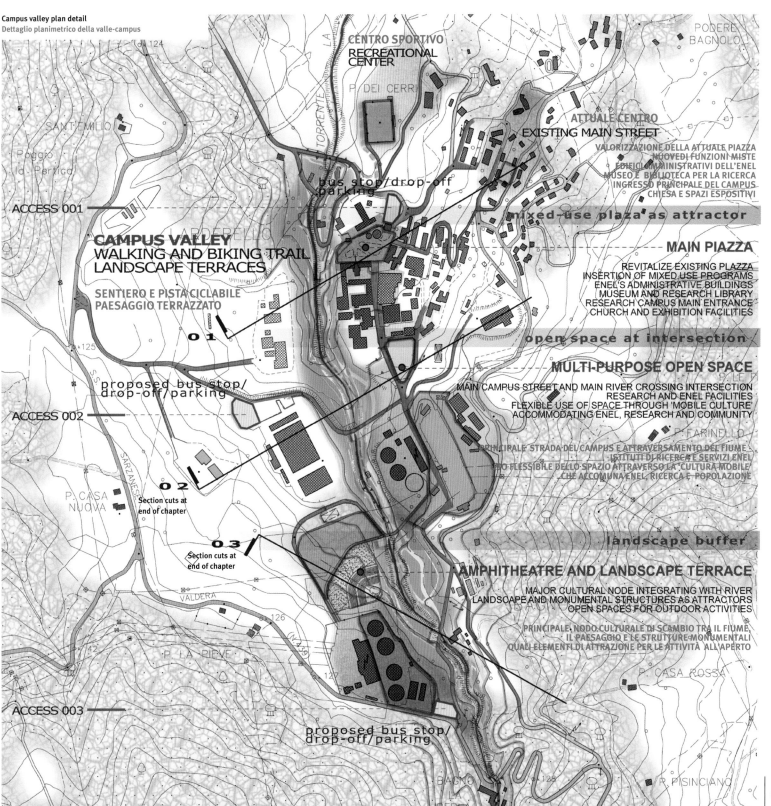

ACCESS 001

CENTRO SPORTIVO
RECREATIONAL
CENTER

P. DEI CERRI

PODERE
BAGNOLO

ATTUALE CENTRO
EXISTING MAIN STREET

VALORIZZAZIONE DELLA ATTUALE PIAZZA
NUOVE DI FUNZIONI MISTE
EDIFICI AMMINISTRATIVI DELL'ENEL
MUSEO E BIBLIOTECA PER LA RICERCA
INGRESSO PRINCIPALE DEL CAMPUS
CHIESA E SPAZI ESPOSITIVI

mixed-use plaza as attractor

bus stop/drop-off parking

CAMPUS VALLEY
WALKING AND BIKING TRAIL
LANDSCAPE TERRACES

SENTIERO E PISTA CICLABILE
PAESAGGIO TERRAZZATO

01

MAIN PIAZZA

REVITALIZE EXISTING PLAZZA
INSERTION OF MIXED USE PROGRAMS
ENEL'S ADMINISTRATIVE BUILDINGS
MUSEUM AND RESEARCH LIBRARY
RESEARCH CAMPUS MAIN ENTRANCE
CHURCH AND EXHIBITION FACILITIES

open space at intersection

proposed bus stop/
drop-off/parking

ACCESS 002

P. FARINELLO

MULTI-PURPOSE OPEN SPACE

MAIN CAMPUS STREET AND MAIN RIVER CROSSING INTERSECTION
RESEARCH AND ENEL FACILITIES
FLEXIBLE USE OF SPACE THROUGH 'MOBILE CULTURE'
ACCOMMODATING ENEL, RESEARCH AND COMMUNITY

PRINCIPALE STRADA DEL CAMPUS E ATTRAVERSAMENTO DEL FIUME
ISTITUTI DI RICERCA E SERVIZI ENEL
USO FLESSIBILE DELLO SPAZIO ATTRAVERSO LA 'CULTURA MOBILE'
CHE ACCOMUNA ENEL, RICERCA E POPOLAZIONE

02

Section cuts at
end of chapter

P. CASA
NUOVA

03

Section cuts at
end of chapter

landscape buffer

AMPHITHEATRE AND LANDSCAPE TERRACE

MAJOR CULTURAL NODE INTEGRATING WITH RIVER
LANDSCAPE AND MONUMENTAL STRUCTURES AS ATTRACTORS
OPEN SPACES FOR OUTDOOR ACTIVITIES

PRINCIPALE NODO CULTURALE DI SCAMBIO TRA IL FIUME
IL PAESAGGIO E LE STRUTTURE MONUMENTALI
QUALI ELEMENTI DI ATTRAZIONE PER LE ATTIVITÀ ALL'APERTO

VALDERA

P. LA PIEVE

P. CASA ROSSA

ACCESS 003

proposed bus stop/
drop-off/parking

BAGNO

R. PISINCIANO

to form a common green. During the second phase of development, clusters of scattered old farmhouses that exist "off the grid" in the local area are incorporated into the campus network through the development and deployment of a mobile plug-in unit. This plug-in unit contains a service core that provides key infrastructure and power systems, offering the best of technology and pastoralism. Once attached to an abandoned farmhouse, physical infrastructure as well as virtual connections would be established.

By introducing new public-private university and research center functions into the Enel lands, and by starting with the existing built campus fabric and surrounding farmhouses, new economic, educational, and population dynamics will begin to permeate the Larderello and the Val di Cecina, breaking the status quo.

ricerca e didattiche, la piazza centrale del paese viene aperta verso il torrente e inserita in un parco pubblico. Nella seconda fase, gruppi di vecchi casali esistenti nella zona 'fuori dalla rete' vengono inglobati nel sistema del 'campus' con l'introduzione e l'impiego di unità mobili di servizi. Queste contengono un nucleo interno che dispone di strutture chiave e sistemi elettrici che offrono il meglio della tecnologia e. Una volta connessi ad un casale abbandonato, sono in grado di mettere in atto infrastrutture fisiche e connessioni virtuali.

Attraverso l'introduzione di nuove università a carattere pubblico-privato e funzioni di centro di ricerche all'interno delle proprietà dell'Enel e partendo dalla struttura costruita del vecchio centro Enel e dei casali circostanti, nuove dinamiche economiche, scolastiche e demografiche cominceranno a diffondersi a Larderello e in Val di Cecina, spezzandone lo status quo.

Farm house activation Recupero dei casali abbandonati

001
abandoned farmhouse + plug-in unit= activation

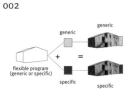

002

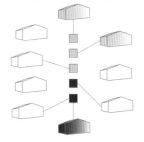

004
dynamic constellation depends on activation of farmhouses through plug-in units, either generic or specific

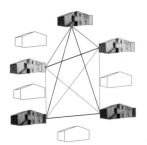

003
different functions and specificities depend on the combination of the farm house and plug-in units

complexity of the dynamic constellayion is a result of the differnet combinationsof the farm houses, plug-in units and its activation status

Enel mobile unit
Unità mobile Enel

Re-use of abandoned building with plug-in unit Riutilizzo di un edificio abbandonato con unità di servizio mobili

Public transit network with regional connection Rete di trasporto pubblico a scala regionale

Sari el Khazen, Samuel Hsiang-Min Huang, Keerthi Kobla, Josephine Leung

Activated abandoned railway Recupero del tracciato ferroviario abbandonato

Public transit system Sistema di trasporto pubblico

Sari el Khazen, Samuel Hsiang-Min Huang, Keerthi Kobla, Josephine Leung

Bus stop/drop-off, car park
Parcheggio di scambio

Enel R&D assembly center
Parcheggio bici + auto

CAMPUS VALLEY/SECTION 01 /
SEZIONE DEL CAMPUS N° 1

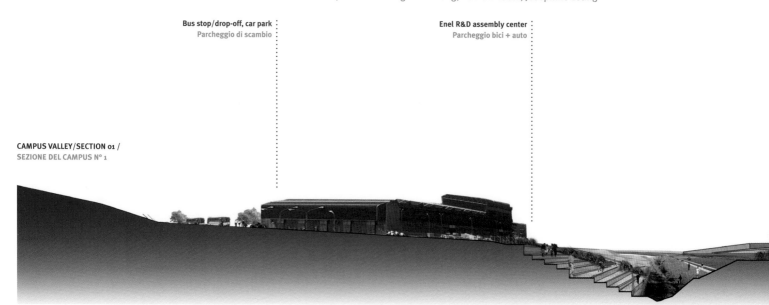

Forest
Bosco

RESEARCH FACILITY
vehicular bridge links
to open terraces and
amphitheater
CENTRO RICERCHE
ponte veicolare
congiunge i
terrazzamenti con
l'anfiteatro

CAMPUS VALLEY/SECTION 03
SEZIONE DEL CAMPUS N° 3

CAMPUS VALLEY
walking/biking trail
landscape terraces
interaction with Enel
and community
CAMPUS:
sentiero ciclabile
e pedonabile,
terrazzamenti,
interazione tra Enel e
il territorio.

**MULTIPURPOSE
OPEN SPACE**
junction of main campus
and river crossing mobile
market
SPAZIO MULTIUSO
ALL'APERTO
collegamento del Campus
principale e del mercato
temporaneo attraverso
il fiume

Research facility
Centro ricerche

Enel facility
Centro Enel

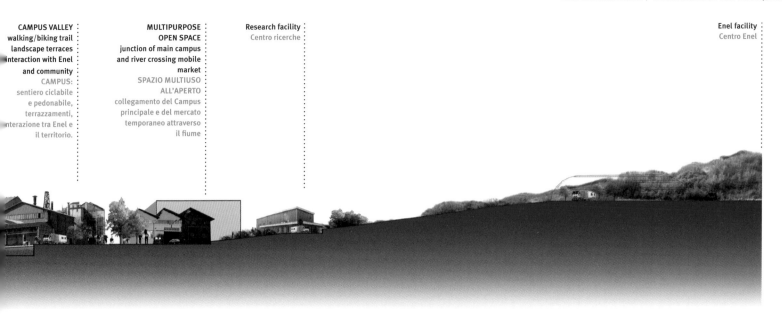

CAMPUS VALLEY
landscape with natural terraces, walking/
biking trail leading to bus stop/drop-off
CAMPUS:
paesaggio con terrazzamenti naturali,
sentiero pedonabile ciclabile che conduce al
parcheggio di scambio con gli autobus

Amphitheater
Anfiteatro

Landscape buffer
Spazio filtro

Mobile parking
Parcheggio unità
mobili

Forest
Bosco

95

Belisario Barchi, Emmanuel Pratt, Peter Sun

Art + Architecture + Infrastructure
Arte + Architettura + Infrastrutture

Valle Secolo power plant
Centrale Valle Secolo

key plan
Planimetria generale

The incredible picturesque beauty of the Tuscan countryside, combined with the sluggish economy of the
area begs the question: what is the role of the designer in this context? How can an urban designer participate
within this curious setting of beauty and stagnation and generate new and potentially more exciting conditions
to work in? The picturesque aesthetic of the place implies a seamless relationship with humans and the
environment however, these conditions are no longer present, and humans have an increasingly troubled and
exploitative relationship with nature. This project was conceived as an experiment to test different typologies of
intervention: or how different levels of 1) art, 2) architecture and 3) infrastructural intervention in the region can
frame and transform existing conditions while creating new opportunities.

1) ART The insertion of environmental art into the countryside around the historic town of Castelnuovo
highlights the network of pipes in the valley. Recycled material from the decommissioned pipes is recast into
new inhabitable forms that people can walk through and around, refocusing the visitor's attention on the
artificiality of the system of pipes.

2) ARCHITECTURE The insertion of a new museum program into the abandoned cooling towers in Larderello
brings new life and focus to these structures. Choreographed movement alongside, within and through the
cooling towers carries the visitor through exhibits on geothermal history and sustainable energy future of the

L'incredibile pittoresca bellezza della campagna toscana unita alla lentezza dell'economia dell'area impone la
domanda: qual è il ruolo dell'architetto in questo contesto? Come può egli prender parte a questa curiosa unione
di bellezza e stagnazione, generando nuove condizioni di lavoro potenzialmente più attraenti? L'estetica pittoresca
del luogo impone una relazione continua con la gente e l'ambiente, tuttavia queste condizioni sono scomparse
e l'uomo ha una sempre maggiore difficoltà e una relazione di sfruttamento nei confronti della natura. Questo
progetto è stato inteso come un esperimento per tentare diverse tipologie d'intervento: ovvero, come i tre differenti
livelli, 1) arte, 2) architettura, 3) interventi infrastrutturali nella regione, possano far quadro e trasformare le
condizioni attuali creando nuove opportunità.

1) ARTE L'inserimento di arte ambientale nella campagna intorno al centro storico di Castelnuovo mette in risalto
la rete di vapordotti della valle. Materiale riciclato da tubazioni dismesse viene rifuso per nuove forme inabitabili,
attraverso e intorno a cui la gente può passare, focalizzando l'attenzione del visitatore sull'artificialità del
sistema di tubi.

2)ARCHITETTURA Il progetto di un nuovo museo all'interno delle torri di raffreddamento di Larderello porta
nuova vita a queste strutture. Lungo, all'interno e attraverso le torri di raffreddamento, il coreografico movimento

Steam pipe installation
Sculture di vapordotti

Proposed site plan
Planimetria di progetto

Museum
Museo

New infrastructure connection
Nuovo sistema infrastrutturale

Renewable energy center
Centro energie rinnovabili

Valley San Marco Corridor

PLAN KEY / LEGENDA

1   **Renewable energy center** / Centro energie rinnovabili
2   **Industrial historical museum** / Museo storico dell'industria
3   **Industrial sculptural park** / Parco delle sculture industriali
4   **Viewing station 1** / Punto di osservazione 1
5   **Viewing station 2** / Punto di osservazione 2
6   **Pedestrian paths** / Vie pedonali
7   **Walking and jogging trails** / Sentieri e percorsi pedonali
8   **Roadway** / Strade
9   **Town Hub** / Centro città
10 **Town Hub** / Centro città
11 **Habitat Pipes** / "Habitat Pipes"

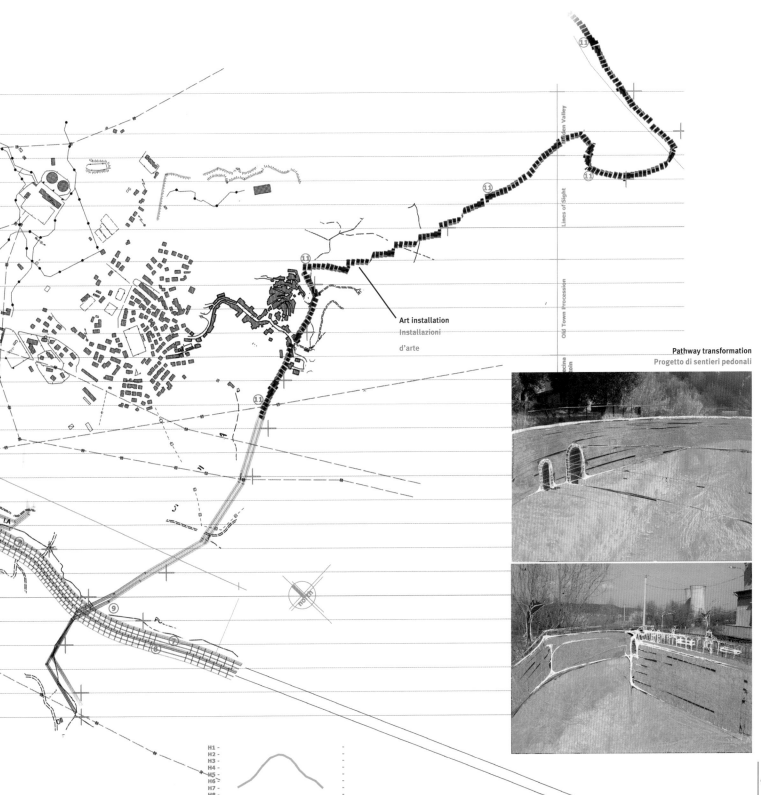

Art installation
Installazioni
d'arte

Pathway transformation
Progetto di sentieri pedonali

H1 -
H2 -
H3 -
H4 -
H5 -
H6 -
H7 -
H8 -
H9 -

Larderello region. Visitors are brought alongside, then under the cooling tower to understand its monumental structure, to experience the view from the inside up and out. New public spaces and plazas, integrated with the cooling towers, make them a prominent feature in the reinvention of the area.

3) INFRASTRUCTURE The insertion of a new north-south transportation corridor provides both local and regional connection alongside the riverbed. It is hoped that this system, which consists of pedestrian trails and walkways and a monorail that connects to regional centers, can regenerate the industrial site through connecting it to the region while minimizing environmental impacts.

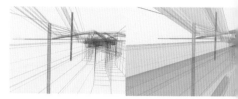

New infrastructure in the valley of San Marco corridor
Nuova infrastruttura nella valle di San Marco

conduce il visitatore dentro narrazioni della storia della geotermia e dell'energia rinnovabile, futuro per la regione di Larderello. I visitatori prima vengono portati lungo le strutture, di fuori, poi sotto le torri, per comprenderne la monumentalità, per far esperienza della visione interna, verso l'alto e fuori. Nuovi spazi pubblici e piazze, integrate con le torri, le esaltano, ridisegnando l'area.

3) INFRASTRUTTURE La creazione di un nuovo corridoio di trasporti nord-sud fornisce la comunicazione locale e regionale lungo il corso del torrente. Si pensa che questo sistema, consistente in sentieri pedonali e marciapiedi e una monorotaia che unisce i centri regionali, possa rigenerare l'area industriale riconnettendola alla regione e minimizzando l'impatto ambientale.

Trails and walkways connect Larderello to regional towns along the river valley/Sentieri e marciapiedi collegano Larderello ai centri lungo la valle

"Habitat Pipes" art installation
Sculture "Habitat Pipes"

How can different scales of intervention at the level of art, architecture, and infrastructure work to frame and transform existing conditions and create new opportunities ?

Le diverse scale di intervento: arte, architettura e infrastruttura incorniciano e trasformano l'esistente creando nuove possibilità ?

Art installations frame the experience of the landscape/Sculture in metallo avvolgono l'esperienza del paesaggio

Belisario Barchi, Emmanuel Pratt, Peter Sun

Museum section/Sezione del museo

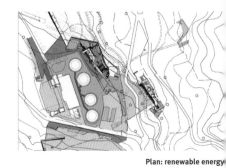

**Plan: renewable energy
museum and research center**
Pianta del museo e del centro
ricerche delle energie rinnovabili

Public plaza and museum entrance/Piazza pedonale e ingresso al museo

Museum/Museo

Industrial historical museum
Museo storico dell'industria

New infrastructure connects to museum/Nuova infrastruttura di supporto al museo

Alfonso Nieves-Vélez, Ricardo Romo-Reloux, Saul D. Hayutin

Urban alterations
Alterazioni urbane

Larderello 3 power plant
Centrale Larderello 3

While traditional Tuscan towns are deeply tied to the landscape, Larderello, a relatively young factory town founded in 1846 and expanded in the 1960s, has no strong sense of place. Larderello's urban form was initially generated by the scattered geothermal energy plants, which reflected the location of the advantageous steam sources, while the Enel facilities and housing infill was partially built according to a Michelucci master plan, while its office complex was inaccessible to the public. Today, Larderello is marred by physical, visual, and psychological boundaries, and the experience of the place is broken up and disconnected. While the valley has an unforgettable array of steam pipelines and concrete cooling towers, the town itself, if it is to be reinvented as a tourist destination and thriving community, needs a serious redesign.

Now that the Larderello is shifting from private Enel factory use to publicly accessible lands, there is a need for consistent human-scale patterns of public space in the form of plazas, steps and ramps—and consistent movement in the form of new roads and pathways—that will connect the formerly inaccessible factory into the

A differenza delle tipiche cittadine toscane profondamente legate al paesaggio, Larderello, una città-fabbrica relativamente nuova, fondata nel 1846 e allargatasi negli anni '60 del secolo scorso, non possiede un forte senso del luogo. In origine la forma urbana fu generata dalla dislocazione sparsa degli impianti geotermici, riflettendo la dislocazione delle vantaggiose fonti di vapore, mentre i servizi e le case di proprietà Enel furono in parte costruite secondo il piano di Michelucci, con il complesso degli uffici inaccessibile al pubblico. Oggi Larderello è guastata da barriere fisiche, visuali e psicologiche e l'esperienza del luogo è interrotta e compromessa. Mentre la valle possiede un'indimenticabile serie di vapordotti e torri di raffreddamento in cemento, la città stessa, se riproposta come destinazione turistica e fiorente comunità, necessita di un serio progetto di riqualificazione.

Ora che Larderello sta trasformandosi da industria privata Enel a luogo accessibile pubblicamente, c'è un forte bisogno di un disegno su scala umana di spazi pubblici, quali piazze, scalinate e rampe – e di movimento, quali nuove strade carrabili e pedonali – che apriranno la fabbrica, ora inaccessibile, alla valle, alle persone che vi

Key plan
Planimetria generale

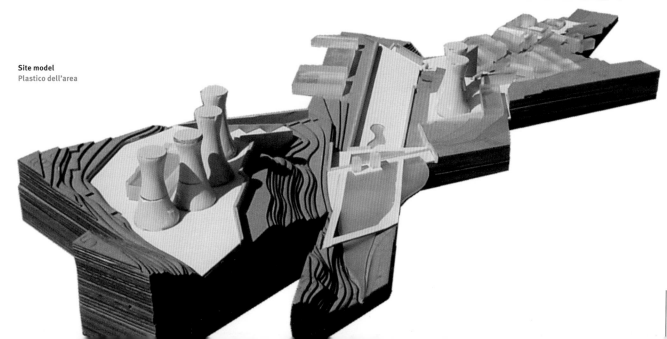

Site model
Plastico dell'area

VIEW CORRIDORS
CORRIDOI PROSPETTICI

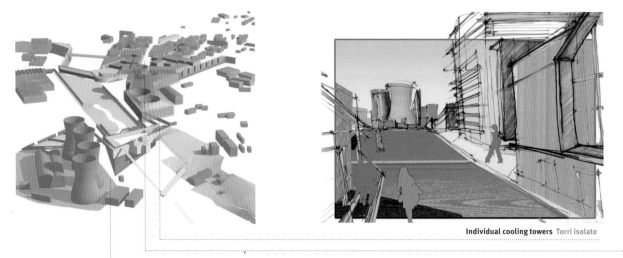

Individual cooling towers Torri isolate

**HORIZONTAL SURFACE
RECONFIGURATION**
RICONFIGURAZIONE DELLE
SUPERFICI ORIZZONTALI

VERTICAL ELEMENTS INTRODUCED
SEGNALI VERTICALI DI INGRESSO

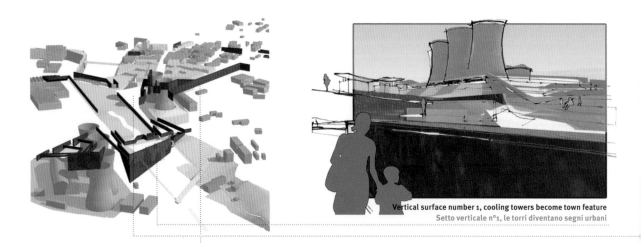

Vertical surface number 1, cooling towers become town feature
Setto verticale n°1, le torri diventano segni urbani

Historic elements framed/Prospettive su edifici storici

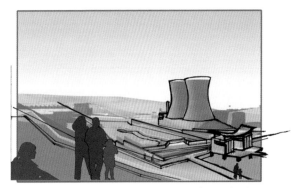

Overall townscape/Paesaggio urbano

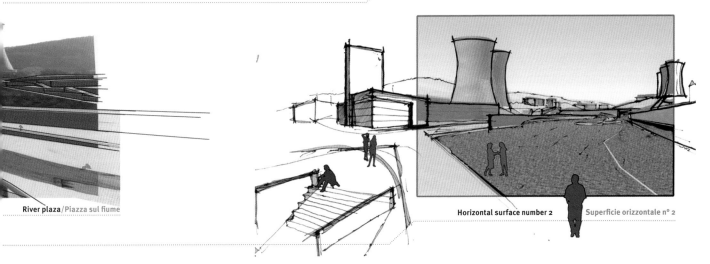

River plaza/Piazza sul fiume

Horizontal surface number 2　Superficie orizzontale n° 2

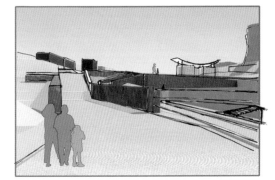

Vertical surface number 2/Setto verticale n° 2

Vertical surface number 3/Setto verticale n° 3

Alfonso Nieves-Vélez, Ricardo Romo-Reloux, Saul D. Hayutin

Site model / connection public spaces
Plastico dell'area / spazi pubblici di collegamento

**As Enel land changes from private to public use, the need for
consistent well designed public space will arise.**
La trasformazione da privato a pubblico della proprietà terriera Enel
determinerà un forte impulso alla progettazione degli spazi pubblici.

Proposed site plan
Planimetria di progetto

**New buildings shape
series of outdoor spaces**
Nuovi edifici configurano
una serie di spazi
all'aperto

**Cooling towers anchor
public space**
Le torri segnalano gli spazi
pubblici

**Cooling towers anchor
public space**
Le torri segnalano gli spazi
pubblici

Public promenade
Passeggiata

**Park and river corridor connect
town and countryside**
Il parco e il corridoio del fiume
uniscono la città e la campagna

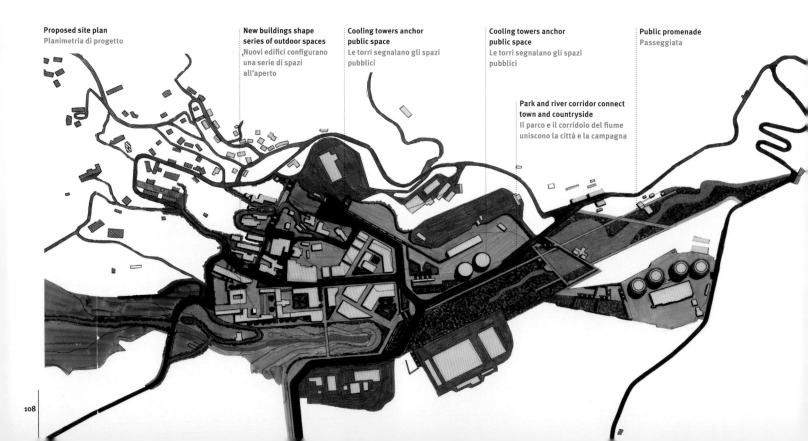

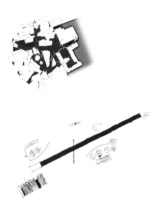

Two urbanisms
Due segni urbani

valley and the people who live there to their immediate environment. This project takes as its starting point the generative potential of form and focuses on spatial relationships rather than programmatic ones. The proposed design consists of a series of new buildings, reconfigured surfaces, realigned roads, and pedestrian pathways that transform and enhance the experience of the town.

By realigning the road through the town, a new choreography of automobile and car movement heightens and further defines the experience and memory of the place. The road brings the driver through the center of town, aligning the trajectory of views with major monuments and historic sites. It is hoped that this sequence creates a linear narrative experience of Larderello that becomes embedded in the visitor's memory. By reshaping the Piazza Leopolda, renovating existing structures, and densifying the existing town through the introduction of new architecture, and then connecting this fabric with pedestrian paths, new patterns of void/solid, landscape/built and public/private emerge. The town becomes a logical and integrated element set within the landscape and within the memory of the viewer.

abitano e al territorio circostante. Questo progetto parte dalla capacità creativa della forma e si concentra sulle relazioni spaziali più che su quelle di programma. Esso si avvale di una serie di nuovi edifici, superfici ridisegnate, strade riallineate e percorsi pedonali che trasformano e migliorano l'esperienza della città.

Allineando le strade, una nuova concezione di traffico motorizzato qualifica e riconfigura l'esperienza e la memoria del luogo. La strada conduce il guidatore per il centro, ridefinendo le traiettorie visuali in funzione dei maggiori edifici e luoghi storici. Si spera che questa sequenza possa creare una esperienza narrativa lineare di Larderello, che si fissi nella memoria del visitatore. Nel ridisegnare Piazza Leopolda nelle sue strutture rinnovate e addensando il tessuto esistente con l'introduzione di nuova architettura, unendo poi questo insieme con strade pedonali, emergono nuove sequenze vuoto/pieno, ambiente naturale/costruito e pubblico/privato. La città diviene un elemento logico integrato con il paesaggio e fissato nella memoria del suo osservatore.

Proposed town center
Progetto del centro cittadino

Alfonso Nieves-Vélez, Ricardo Romo-Reloux, Saul D. Hayutin

Choreographed patterns of movement and designed public space segments will allow a more coherent experience of the town and landscape.

Scenografia lineare di movimento i segmenti di spazi pubblici formano un'esperienza più coerente di città i paesaggio.

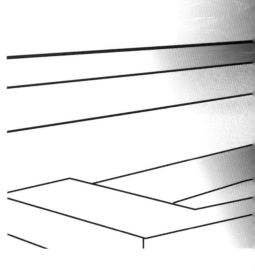

Constructed topography extends town into landscape
La città costruita si estende nel paesaggio

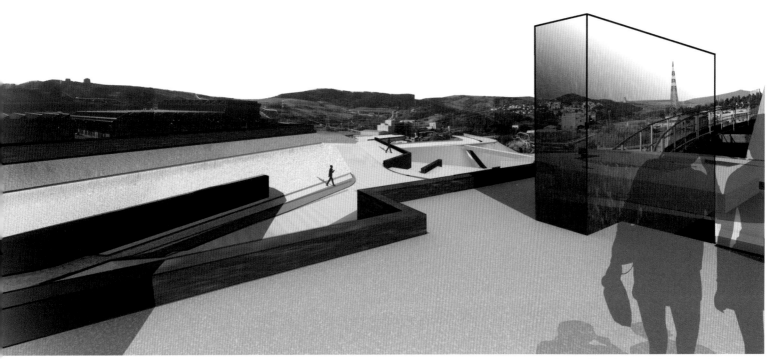

Town and countryside are integrated/Città e paesaggio sono integrati

Projects
Rome University, "La Sapienza"
Universita di Roma, "La Sapienza"

Reconfiguration of Piazza Leopolda
Studi preliminari per la riqualificazione di Piazza Leopolda
Daphne Jacopetti

Exhibition Space
Centro per mostre
Christian Tattoli

Proposal for a scientific-technological park for the revilization of the Larderello geothermal area
Proposta di parco scientifico-tecnologico per la valorizzazione dell'area geotermica di larderello
Francesca Balestrieri

Andrea Bassan, architect, Rome
Andrea Bassan, architetto, Roma

The projects presented here focus on the intricate and challenging theme of redesigning the center of Larderello as a means for regenerating the surrounding urban fabric and, at the same time, triggering a new strategy for reorganizing functions and facilities at the larger valley scale.

These projects regard Leopolda Square as a key node in which to establish a pulsating core for new structures in the town. The projects start with what already exists, and maintain what is taken as worthy or interesting, in terms of visual, spatial, and functional entities.

The studio aimed at enhancing and maintaining some physical features such as 1) the 19th century architecture (de Larderel building and the isolated tower, the church and annexed buildings); 2) the 1950s Enel new construction; and 3) the square's open disposition and setting as a high overlook point in the valley.

In these proposals, the students wanted to develop a system of new relations to connect the existing fabric and make it come alive through both old and new functions and programs. They envisioned that the square would become a huge a destination, where a multilayered visitors center would attract both residents and tourists, and where symbolic and governmental functions would meet with commercial, educational, cultural, and leisure activities. Traditional destinations like the church, school, museum and office building would remain and be expanded with more interesting and experimental functions, including a garden showcasing (through environmental models and mineral samples) the idea of the unique aspects the area's natural background. This would be an urban park open to the valley, with trails leading to other close destinations within the Larderello historic territory. A didactic museum on sustainable power, research facilities, a convention center would be

Introduction to Rome projects
Introduzione ai lavori del gruppo di Roma

I due progetti qui presentati affrontano il tema, difficile e assai stimolante, del rifacimento del centro di Larderello quale tramite per la riqualificazione del tessuto urbano e, allo stesso tempo, dello sviluppo di una strategia nuova per la riorganizzazione di funzioni e servizi alla scala più ampia della valle.

Entrambi considerano Piazza Leopolda un luogo chiave da cui partire per la costruzione di un nuovo centro pulsante, riutilizzando l'esistente e restaurando quello che si considera essere valido e interessante, dal punto di vista sia visuale e spaziale, sia funzionale. Per esempio, abbiamo voluto migliorare e mantenere alcune caratteristiche fisiche, quali - 1) gli edifici del XIX secolo (il palazzo de Larderel con la torre isolata, la chiesa e gli edifici annessi); 2) le costruzioni Enel degli anni '50 del secolo scorso; 3) l'aspetto aperto e affacciato sulla valle della piazza.

D'altra parte, si è cercato di sviluppare in entrambi i progetti un sistema di relazioni nuovo, per porre in rapporto l'esistente e rivitalizzarlo con vecchie e nuove funzioni e destinazioni d'uso.

Si è ritenuto di dover trasformare la piazza in un grande centro d'interesse, un centro visitatori complesso, destinato alla popolazione locale come a quella in transito, dove le funzioni rappresentative e di governo vi fossero svolte assieme alle attività commerciali, didattiche, culturali e di svago. Edifici tradizionali esistenti, quali la chiesa, la scuola, il museo e gli uffici, sarebbero rimasti e sviluppati accanto a nuove funzioni più interessanti e innovative: un giardino che rappresenti (attraverso la ricostruzione di ambienti tipici e campioni minerari) l'idea dell'unicità e dell'individualità dei fenomeni naturali del territorio, un parco urbano aperto alla valle, con sentieri diretti ad altre aree di recupero della Larderello storica, un museo didattico dell'energia pulita, spazi per la ricerca e per i convegni. Inoltre, relazioni con gli edifici circostanti si sarebbero sviluppate dalla piazza in tutte le direzioni, al di là delle attuali barriere fisiche formate dai confini Enel, invadendo gli stabili e le fabbriche abbandonate. Tutti e due

connected via this trail system. Moreover, relations and connections would build up from the square and break the current barriers in all directions, beyond Enel boundaries and invade the surrounding blocks, abandoned structures and manufacturing works. The projects study alignments, impacts, and relationships between current built and empty spaces in order to design new visual relationships.

Starting from parallel considerations and, after dedicated discussions and analyses, the projects appear totally opposed and definitely represent divergent points of view: 'Piazza Leopolda' highlights the functional presence of the square and its pulsating implications, charging it with symbols and functions taken from the typical landscape features of the territory; while 'Exhibition Space' emphasizes the power of the void, introducing the beauty of the scenery around into it.

The proposed design of 'Piazza Leopolda' reorganizes it by building in and across it a network of pedestrian flyovers: clear translucent ducts that reach and connect different functions and converge into a sort of new cooling tower, rising high from a central water plane. The current buildings and square alignments are stressed by artificial banks, orientating and directing views in keeping with the morphology of the place. The 'Exhibition Space' proposal frees the void of the square from all historical stratifications, digs underneath the soil a huge educational space for exhibitions, research, and events and a new museum for geothermy, creating further views into the valley and designing the upper terraced level with a complex and original pattern that plays with different environmental materials from the territory: stone, water, green, gas, and renewable power.

i progetti affrontano lo studio degli allineamenti e delle visuali in relazione agli spazi costruiti e vuoti, per inserirvi nuove visuali e allineamenti.

Partiti da considerazioni parallele e da analisi comuni, dopo discussioni impegnate, i due progetti risultano completamente diversi e certamente rappresentano punti di vista divergenti: uno enfatizza il significato funzionale della piazza e le sue implicazioni dinamiche, caricandola di simboli e funzioni presi dal territorio; l'altro sottolinea il valore del vuoto, introducendovi la bellezza del paesaggio.

Da un lato, Piazza Leopolda (e gli attuali edifici che la compongono) viene ridisegnata attraverso una rete di passaggi aerei pedonali, realizzati con tubi trasparenti che uniscono e raggiungono diverse funzioni, convergendo in una specie di nuova torre di raffreddamento, alta e posta al centro in mezzo ad una superficie di acqua; gli allineamenti attuali dei fabbricati e della piazza vengono inoltre accompagnati da setti artificiali che si orientano secondo le visuali e la morfologia del terreno. La seconda soluzione svuota la piazza dalle stratificazioni storiche e crea nuove visuali nella valle scavando un vasto spazio sotterraneo, dove hanno luogo attività culturali e didattiche, con il nuovo museo della geotermia e spazi per mostre, ricerca ed eventi; il livello superiore, progettato come una terrazza, è organizzato secondo un disegno complesso e originale, che gioca con i diversi materiali del luogo: pietra, acqua, verde, vapore, energia rinnovabile.

Daphne Jacopetti

This proposal for redesigning piazza Leopolda is based on the assumption of a two-variable system based on site features.
a. Access to the site - morphologic structure/**b.** Visual impact - derived signs

Three layers define the project background:
1. Urban design: create the square new layout utilizing a synthesis of architectural and natural elements inspired by geothermal forms
2. Analysis: localize the square's strategic functions, and reuse old abandoned industrial structures, in order to create a gateway to the new museum-town dedicated to renewable energy.

Il progetto per la riqualificazione di piazza Leopolda si basa sull'individuazione di un sistema di due matrici-ideogramma che sintetizzano i caratteri del sito definendone:
a. Accessibilità - strutturazione morfologica/**b.** Impatto visivo - derivanti segniche

La riqualificazione può essere interpretata secondo tre diversi livelli di intervento:
1. Arredo urbano: definizione di una nuova immagine della piazza attraverso la sintesi architettonica degli elementi naturalistici propri della geotermia.
2. Rilettura del contesto: localizzazione di funzioni strategiche nell'area della piazza utilizzando le preesistenti strutture di archeologia industriale a costituire l'atrio della nuova città museo dell'energia pulita.

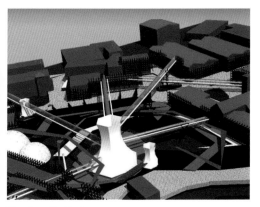

Piazza Leopolda site plan
Planimetria generale di Piazza Lopolda

Reconfiguration of Piazza Leopolda
la riqualificazione di Piazza Leopolda

Visual impacts
Impatti visivi

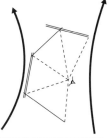

3 POINTS/3 PUNTI
TERRACES/TERRAZZE

1 POINT/1 PUNTO
BORDER/CONFINE

INFINITE POINTS/PUNTI INFINITI
STRUCTURE PATH/PERCORSO STRUTTURA

PIVOT POINT/PUNTO CERNIERA
WINGS/ALI

3. Urban planning: establish a new town center and a public program for Enel in the field of renewable energy to be developed at territorial scale.

Analysis of the symbolic matrix:

a. Access to the site: four different types of access to the area of the piazza (A-B-C-D) correspond to diagrammatic icons (A: basin; B: spindle; C: hourglass; D: strip), representing the square in relation to directionality. Existing buildings in the areas defined by the icons form the basic elements of the site morphology.

b. Visual impact: the type of perspective (A: from below; B: from top; C: dynamic: D: in perspective), analyzed in relation to access defines four types of derived signs (A: terraces; B: border; C: structure—path; D: wing) according to the site level and its relation to the territory.

3. Livello urbanistico: costituzione di un nuovo centro urbano che sintetizzi e manifesti a livello territoriale la politica Enel nel settore dell'energia rinnovabile.

Analisi del sistema matrice-ideogramma:

a. Accessibilità-strutturazione morfologica del sito: l'individuazione di quattro diversi sistemi di accesso all'area di p.za Leopolda (A-B-C-D) ha permesso la definizione di quattro corrispondenti strutture morfologiche (A: bacino; B: fuso; C: clessidra; D: fascia) che inviluppano, in funzione della percorrenza, diverse porzioni di territorio; le preesistenze architettoniche incluse nell'area definita da ciascun ideogramma costituiscono gli elementi base che disegnano la morfologia del sito.

Access and visual connections related to site morphology
Elementi di percorrenza e visuali che disegnano la morfologia del sito

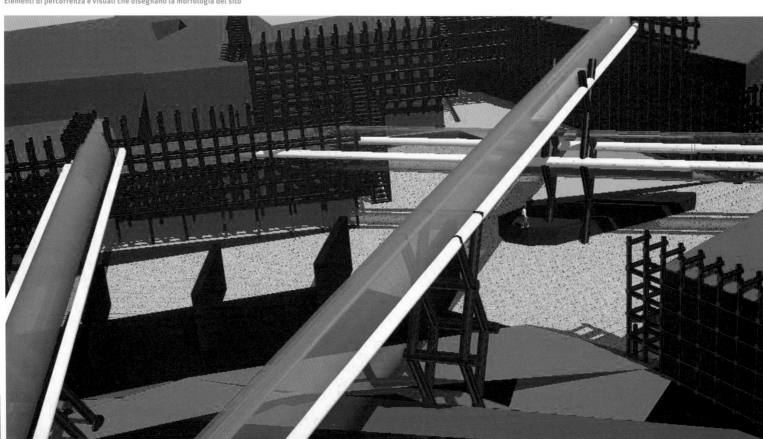

b. Impatto visivo-derivanti segniche: il tipo di visione (A: dal basso; B: dall'alto; C: dinamica; D: prospettica), analizzata in funzione del sistema di accesso all'area definisce, in relazione all'altimetria del sito e al suo rapporto con il territorio circostante, quattro tipi di "derivanti segniche" (A: terrazze; B: margine; C: percorso-struttura; D: quinta).

 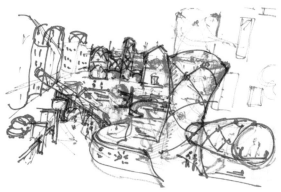

Sketches showing historical buildings and new architectural elements
Schizzi che rappresentano gli edifici storici con i nuovi elementi architettonici

Connecting structures
Strutture di connessione

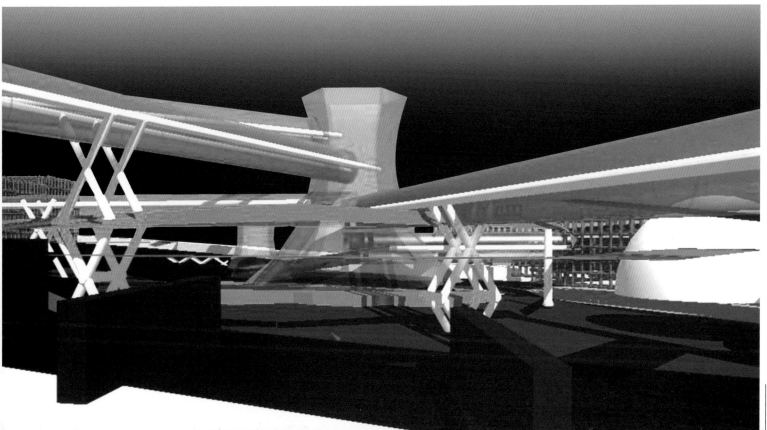

Christian Tattoli

A three-dimensional spatial analysis of the square, in relation to the natural landscape context, reveals the place as a measure of the memory of the technologic dynamism of the past in contrast to the natural site morphology and the network of steam pipes. The existing industrial buildings alongside the square are no longer considered as volumes with activities inside, but as boundaries between nature and artifice. At the same time, these buildings communicate and highlight this conflict.

The images of the village urban structure, together with the form of the landscape in dialogue with the artificial tubes are a starting point. The visual impact of the proposed exhibition square "fighting" with the surrounding scenery forces one to understand the lively relationship between nature and technology.

La lettura planimetrica e tridimensionale dello spazio architettonico della piazza, in relazione con le naturali geometrie del paesaggio che si creano intorno ad esso, identificano il sito come una macchia di colore generata dalla memoria della dinamicità tecnologica del passato (in contrasto con la morfologia dell'area) e la ormai naturale ramificazione dei vapordotti. Gli edifici industriali presenti che delimitano la piazza non vengono più letti come semplici volumi al cui interno si compiono differenti attività, ma come elementi di confine che mettono in comunicazione e allo stesso tempo sottolineano i punti conflittuali tra spazio naturale ed artificiale. Le immagini dei centri abitati con la loro struttura urbana e le forme del paesaggio che dialogano in armonia con i condotti artificiali, diventano opportunità di riflessione in quanto l'impatto di una piazza museo che sembra entrare in contrasto con il paesaggio, crea in realtà la comprensione del rapporto vivo tra natura e tecnologia.

Exhibition space
Centro per mostre

Plaza / Museum terrace
Piazza / Copertura del museo

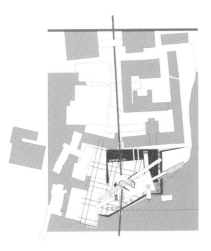

Layout geometry
Geometria di progetto

The square becomes a peaceful oasis within the larger Larderello valley, its core formed by an underground museum, while its surface is reconceived as a "memorial" celebrating steam technology and renewable power. Its pipes spread out like a cobweb on the land, and become at the same time a technological sculpture and a reference and directional sign for residents. The square re-design, with its different levels and passages, suggests that visitors view the scenery from various positions. Its layout is inspired by the medieval village spiral structure, which offers both openness and a sense of protection through narrow lanes and winding streets. The museum builds up vertically as a drill shaft and inside hosts large exhibition halls and a multimedia room. The main horizontal and vertical connectors are designed as ramps that organize double height spaces, and through them the narrative of the valley history emerges through encountering old machinery and drilling tools. A water plane sustains the "museum-square" and becomes the boundary to the existing buildings on the site.

Where the wall has traditionally worked as a divider between inside and outside space, here a water element, through its light effects and the natural reflections created on its translucent plane, makes a structural connection between nature and architecture, unveiling past and present forms. The new urban space keeps memory of the past in its transparent volume, and is framed by the industrial buildings. In this project modern and ancient achieve dialogue through opposing forms, shade, and light, and, most of all, their essential being.

La piazza diventa cosi un'isola felice all'interno di una più vasta, la valle di Larderello, il cui cuore coincide con un museo dentro la terra, mentre la sua copertura, con un gioco di quote e pozzi di luce, è il simbolo scultoreo di un luogo diventato famoso per i vapori; questa energia pulita, incanalata attraverso dei tubi di medio diametro, forma come una rete di ragno sul naturale andamento del terreno e diviene, allo stesso tempo, scultura tecnologica e punti di orientamento per gli abitanti della valle. La struttura architettonica della piazza, posta su più quote, invita il visitatore a osservare il paesaggio da differenti punti di vista, riproponendo in chiave moderna la struttura urbana dei villaggi medievali che erano orientati verso spazi aperti, ma allo stesso tempo, per motivi di difesa, creavano anche vicoli stretti sviluppati su una spirale. L'edificio del museo, a differenza dei vapordotti, si sviluppa verticalmente come dei pozzi di trivellazione; al suo interno si sviluppano ampi spazi espositivi e una sala multimediale. Le rampe sono il principale elemento di collegamento orizzontale e verticale e, come i nervi di un corpo umano, movimentano spazi a doppia altezza; in essi la storia della valle trova i suoi narratori tra i macchinari e gli oggetti usati per l'estrazione del vapore. Uno specchio d'acqua diventa base di appoggio per la "piazza-museo" ed elemento di confine tra gli edifici presenti.

Ove la parete aveva sempre avuto la funzione di delineare il confine tra uno spazio aperto ed uno chiuso, adesso l'elemento dell'acqua, attraverso i giochi di luce e i naturali riflessi che si creano sulla sua superficie trasparente, assume la funzione di nodo strutturale tra natura e architettura, rivelando le forme del passato e del presente. Il nuovo spazio urbano mantiene il ricordo del passato nel volume trasparente delimitato dagli edifici industriali. Moderno e passato vogliono trovare in questo progetto un dialogo che metta in contrapposizione le loro forme, le loro ombre e luci, e soprattutto il loro essere.

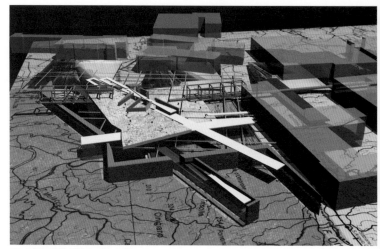

View of the Valley / Vista della valle

Main 3d axis/Principali assi tridimensionali

Plan of the Plaza
Planimetria della piazza

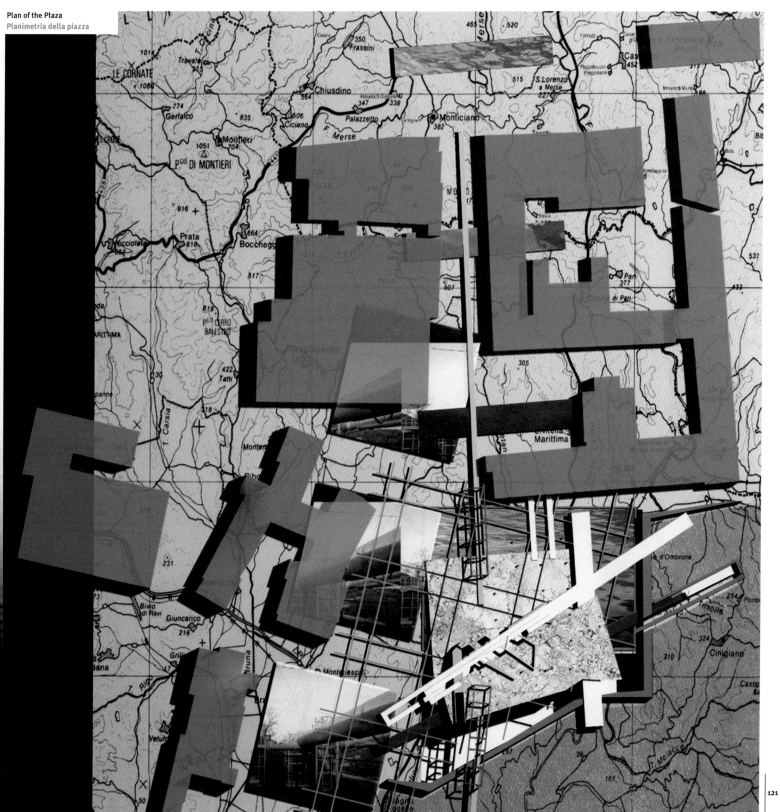

Francesca Balestrieri

Proposal for a scientific-technological park and revitalization of the Larderello geothermal area
Proposta di parco scientifico-tecnologico per la valorizzazione dell'area geotermica di Larderello

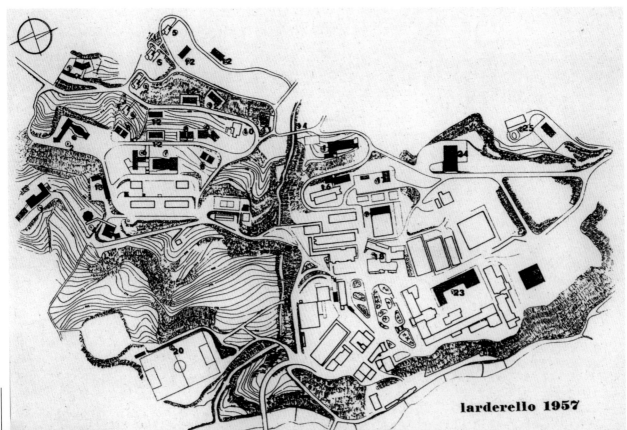

Michelucci master plan, Larderello
Piano regolatore di Larderello, di Michelucci

Larderello is initially divided into eight zones based on the area's natural characteristics, as well as territorial organization and administrative solutions.

1. scientific area: technology research and museum area (Larderello town center)
2. spa area: (Lagoni Rossi)
3. cultural area: (Sasso Pisano)
4. natural area: environmental character (Castelnuovo Mount, Monterufoli Reserve)
5. experimental farming area: (Castelnuovo north/north west)
6. natural and recreational area: (Castelnuovo Mount, Monterufoli Reserve, Sasso Pisano)
7. historical area: historical town center (Castelnuovo Montecerboli)
8. educational area: Serrazzano power plant

The localization and perimeter of the areas is further directed with attention to eco-compatibility, development of renewable energy, and to a low environmental impact energy sources, such as geothermy.

Il progetto di Parco della geotermia è diviso in zone, ognuna con una propria caratterizzazione funzionale, e prospetta soluzioni adeguate di organizzazione territoriale ed amministrativa:

1. area scientifica: (centro storico di Larderello)
2. area termale: (Lagoni Rossi)
3. area culturale: (Sasso Pisano)
4. aree naturalistiche: (Monte di Castelnuovo; Riserva di Monterufoli; Sasso Pisano)
5. area sperimentale: (Castelnuovo nord e nordovest)
6. aree ricreative: (Monte di Castelnuovo; Riserva di Monterufoli; Sasso Pisano)
7. area storica: (centri storici di Castelnuovo e Montecerboli)
8. area didattica: (centrale elettrica di Serrazzano)

La localizzazione e la perimetrazione delle aree è stata fatta in base alle caratteristiche peculiari che sono state individuate all'interno di esse, ispirandosi a criteri di ecocompatibilità in una strategia di rivalutazione e sviluppo delle fonti energetiche rinnovabili e a basso impatto ambientale, prima tra queste quella geotermica.

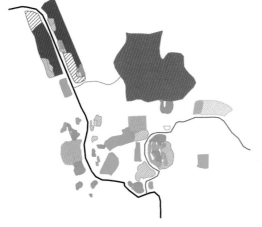

Castelnuovo Val di Cecina master plan:
- compact expansion
- good accomodation possibilities
- controlled building expansion
- industrial area next to the town

Programma di fabbricazione di Castelnuovo Val di Cecina:
- sviluppo compatto
- buona potenzialità ricettiva
- sviluppo edilizio controllato
- area industriale in prossimità del centro abitato

Larderello master plan:
- spread expansion with low density
- good accomodation possibilities
- high range of facilities
- dismissed geothermal area, to renovate

Programma di Fabbricazione di Larderello:
- sviluppo diffuso a bassa densità
- buona potenzialità ricettiva
- alta dotazione di servizi
- area geotermica dismessa da recuperare

The SCIENTIFIC AREA is located in Larderello's town center. Leopolda Square would be transformed into a visitor reception center, and the square's buildings would be renovated and restored. For example, the geothermy museum would be transferred into the de Larderel palace, while other buildings, including the adjacent neglected factory, would be transformed into a study center with labs and classrooms, linked to a conference hall. Michelucci's village would be used to lodge students and tourists for short stays. The cooling towers of Larderello 2 and 3 would be transformed in interactive museums of renewable energy.

Close by, in the southern part of Castelnuovo towards Serrazzano, we an EXPERIMENTAL FARMING AREA is proposed, where new greenhouses would be built, and in some cases restored. These greenhouses would showcase aqua-cultural techniques and would be warmed with geothermal energy. Larger farms that can receive visitors for practical demonstrations and direct selling of their products are a focus.

The town center of Castelnuovo in Val di Cecina and of Montecerboli village form the HISTORICAL AREA because rich of their rich historical and architectural resources. The area around Sasso Pisano village has archaeological dig sites and and natural geyser displays: 'soffioni' and 'putizze.' With a new foot path and footbridge it would be possible to organize guided tours and deliniate this zone as a CULTURAL AREA.

The proposed SPA AREA is located at Lagoni Rossi, where there are natural hot springs. These springs will be used to create a thermal center with facilities for medical and spa vacation stays. This area is a small valley surrounded by old houses part of a small village for Enel workers. The project proposes that they transform into hotels and farm-stay structures.

The EDUCATIONAL AREA is located near Serrazzano, where there is a small village built for Enel workers. These houses are transformed into educational classrooms for children that indicate surrounding power plants, wells and district heating sites.

The NATURAL AND RECREATIONAL AREA, in the end, provides a link through the other zones. Here we have local craftsmanship and food activities typical of Tuscany, and farmhouses restored for farm-stay. The natural areas

L'AREA SCIENTIFICA è localizzata proprio nella frazione di Larderello, scelta come "capoluogo" della geotermia sia per le ovvie motivazioni storiche che la distinguono che per le strutture che vi sono insediate. Piazza Leopolda viene trasformata nel centro di accoglienza dei visitatori restaurando gli edifici che la circondano: il museo della geotermia per esempio è trasferito nel palazzo de Larderel e gli altri edifici, comprese le parti di fabbriche abbandonate, trasformati in centri studi e laboratori per la geotermia correlati da un centro conferenze. L'attiguo villaggio di
Michelucci è utilizzato per alloggiare, per brevi soggiorni, studiosi e turisti.
Le torri di raffreddamento delle centrali delle centrali Larderello 2 e 3 sono trasformate in musei interattivi delle fonti rinnovabili.
Attigua a questa zona, nella parte sud verso Castelnuovo e in direzione di Serrazzano è situata l'AREA SPERIMENTALE dove saranno costruite, in alcuni casi ripristinate, le serre e gli impianti di acquicoltura alimentati ad energia geotermica, all'interno di aziende agricole più ampie che possano accogliere i visitatori per dimostrazioni pratiche e vendita diretta dei loro prodotti.
I centri storici dei Comuni di Castelnuovo in Val di Cecina e della frazione di Montecerboli, sono stati identificati come AREA STORICA per le risorse storico-architettoniche di cui è ricca.
L'area intorno la frazione di Sasso Pisano è ricca invece di resti archeologici e manifestazioni naturali come i soffioni e le putizze. Realizzando dei percorsi pedonali con passerelle sopraelevate, sarà possibile organizzare delle visite guidate, caratterizzando questa zona come AREA CULTURALE.
L' AREA TERMALE, è individuata in località Lagoni Rossi, dove si trovano sorgenti naturali di acqua calda; queste vengono sfruttate per la realizzazione di un centro termale, attrezzato sia per soggiorni a scopo curativo che di svago.
La morfologia del terreno si presenta come una piccola vallata che degrada dolcemente, circondata da vecchi casali che costituivano un piccolo villaggio per gli operai dell'Enel; il progetto ha previsto la loro trasformazione in

will have rest facilities locates along foor, horse, and trekking paths. On Castelnuovo Mount, there will be riding-grounds, a visitor center, and a Flora and Fauna museum.

strutture alberghiere ed agrituristiche.
UN'AREA DIDATTICA è prevista nelle vicinanze di Serrazzano, dove si trova un piccolo agglomerato abitativo nato per gli operai dell'Enel; gli alloggi vengono trasformati in aule didattiche per ragazzi e collegate a punti dimostrativi del funzionamento della centrale geotermica, dei pozzi e del teleriscaldamento.
Le AREE NATURALISTICHE e RICREATIVE, infine, costituiscono il collegamento "cerniera" tra le altre descritte; vi sono insediate attività artigianali ed enogastronomiche tipiche toscane e molti casali adattati ad agriturismo. In quelle naturalistiche, in particolare, saranno allestite zone di sosta attrezzate, collegate da percorsi pedonali, a cavallo e di trekking; in località Monte di Castelnuovo sono previsti maneggi ed un centro visite con annesso museo della flora e della fauna.

Anthropic analysis diagram
Schema di sintesi del sistema antropico

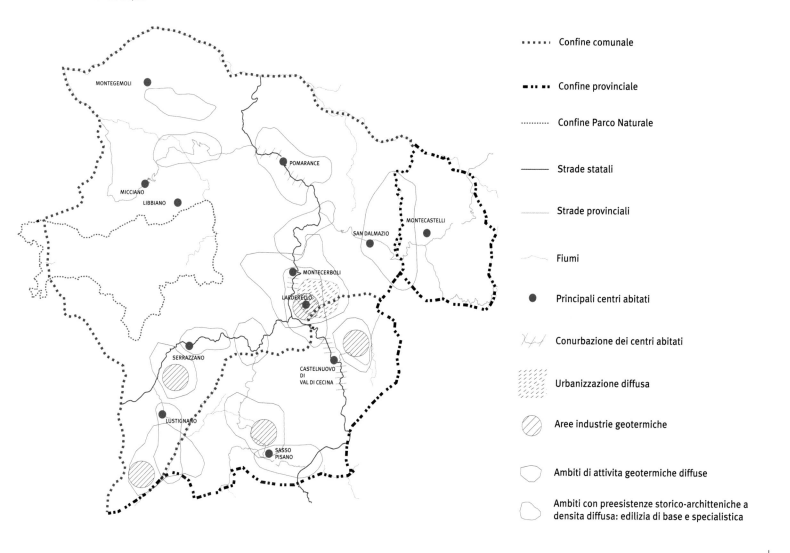

- - - - - Confine comunale

▪ ▪ ▪ ▪ Confine provinciale

········· Confine Parco Naturale

——— Strade statali

——— Strade provinciali

~~~ Fiumi

● Principali centri abitati

✕⊬ Conurbazione dei centri abitati

▨ Urbanizzazione diffusa

◯ Aree industrie geotermiche

⬡ Ambiti di attivita geotermiche diffuse

⬡ Ambiti con preesistenze storico-architteniche a densità diffusa: edilizia di base e specialistica

Projects
University of Florence, course of museography and exhibition design
Universita di Firenze, Corso de museografia e allestimenti

Art as a medium between nature and power
L'arte come tramite tra natura ed energia
Domenico Lascala, Alessandra Sanfilippo

Space navigation as knowledge experience
La navigazione dello spazio come esperienza conoscitiva
Alessandra Fagnani

Natural elements - sun, water, earth & wind
Elementi naturali - sole, acqua, terra e vento
Oliwia Bielawska, Marcos Perez-Sauquillo, Hannes Stark

Industry archaeology and a new spirit in architecture
Archeologia industriale e nuova anima dell'architettura
Gabriele Pinca, Paolo Pazzaglia, Michele Mosconi, Sara Moschen, Isabella Migliarini

Continuity
Il tratto continuo
Francesco Floridi, Federico Iommi

Multifunctional container
Contenitore multifunzionale
Joussef Benjelloun, Claire Destrebecq, Ludovica Caucci, Alvaro Marzan

Eugenio Martera, Professor of Architecture University of Florence,
Course of Museography and Exhibition Design.
Professore di Architettura presso l'università di Firenze,
Corso di Museografia e Allestimenti.

Industrial archaeology has been a topic of discussion for some time and there are many important contributions on the subject. We believe that Larderello, with its geothermal energy plants and Tuscan countryside setting, can significantly expand the debate on the subject. The location and aspects of the site, and the specific nature of the abandoned industrial buildings, suggests the need to expand the innate potential for the architectural renovation of the main plant, known as Larderello 3, into a total reinvention of the surrounding area as part of a broader project that synthesizes nature, art, and technology. The topics outlined below describe our process and approach to the site.

The idea of salvaging old industrial structures that are no longer used for their original purposes and reinventing them as venues for contemporary art exhibitions is one of the last decade's most articulated and prolific themes in the field of architectural rebuilding and modification. It is precisely in the spaces that have been rejected by the current culture and economy that we can best plant the seeds of contemporaneity. The magnetic draw of using abandoned space amplifies the expressive potential of most contemporary art forms. The predominance of space rather than linguistic symbol is the main feature of these buildings. This spatial aspect accentuates

The expanded museum: from architectural recovery to reinventing the environment

Il museo esteso: dall'archeologia industriale alla reinvenzione ambientale

Il tema dell'archeologia industriale è ormai dibattuto da moltissimo tempo, e si possono raccogliere sull'argomento innumerevoli e illustri contributi. Riteniamo che Larderello, con i suoi impianti per la produzione geotermica e l'ambiente rurale tipico toscano intorno possa ampliare in maniera significativa il dibattito sull'argomento. La localizzazione e gli aspetti del territorio coinvolto, e la specificità dei manufatti industriali dismessi pongono la necessità di amplificare la naturale potenzialità del recupero architettonico dell'impianto principale di Larderello 3 alla intera reinvenzione del territorio che lo ospita come parte di un progetto più grande, sintesi di natura, arte e tecnologia. I punti indicati di seguito descrivono il nostro processo di approccio al territorio.

L'idea di recupero di vecchie strutture non utilizzate per la funzione per le quali sono state concepite e la loro reinvenzione come siti espositivi legati all'arte contemporanea è uno dei più articolati e prolifici temi dell'ultimo decennio nel campo degli interventi di modificazione dell'ambiente costruito. È proprio nei luoghi rigettati dalla cultura architettonica e urbanistica che possono meglio insediarsi i germi della contemporaneità. Il fascino dell'occupazione di luoghi abbandonati amplifica l'espressività delle forme artistiche contemporanee. La predominanza spaziale rispetto al segno linguistico è la principale caratteristica di questi spazi architettonici. L'aspetto spaziale accentua e stimola la creatività dell'architetto nella direzione programmatica e concettuale piuttosto che verso quella stilistica. Un esempio innovativo di questo modo di pensare è la New Tate di Londra, in cui il riadattamento della sala turbine in galleria permanente dimostra come l'intervento architettonico possa reinventare uno spazio ex industriale, sfruttandone le attuali caratteristiche. Un'opzione che annulla lo "stile" e "il disegno" a favore della definizione di un "non-luogo", prendendo a prestito il termine ideato da Marc Augè; uno spazio della contemporaneità appartenente ad una scala intermedia, tra il contesto e l'architettura, atto ad accogliere le aspettative dei suoi visitatori. Spazio dove il "fascino della solitudine", la "possibilità residua

and stimulates the architect's creativity in the direction of planning and concept rather than style and format. An innovative example of this kind of thinking is the New Tate in London, where the adaptation of a turbine room into a gallery demonstrates how architects can reinvent a former industrial facility and exploit its existing features. It is an option that annuls "style" and "design" in favor of "nonspace" as defined by Marc Augè; contemporary space somewhere in the middle of the scale between context and architecture that can fulfil the visitors' expectations. In this type of space the "charm of solitude," the "residual potential for adventure" projects a new frontier that offers a place where the relationship between architecture and context can develop. The project, as conceived by Herzog and De Meuron, highlights the extraordinary spatial character of the turbine room and reinvents a new configuration through very few changes that all aim at defining the new ways in which it will be used. The space is then left to its users, allowing different interpretations to overlap within the architectural work and to characterize its potential. A space conceived in this manner will be able to keep pace with the rapid changes in the perceptive options of the contemporary artist and visitor and will, itself, promote new possibilities. For example, the extraordinary "Marsyas" by Anish Kapoor, is a huge, urban scale sculpture (155 m. x 23 and 35 m. high) created in one of the interior spaces of the museum. It is impossible to "grasp" the entire piece from any point in the room, blending with the exposition space. Here is evidence that the exhibition "nonplace" has succeeded on two levels first having been so "weak" that it has been completely transformed by its function as the exhibition space of a work of art and second being so "strong" as to stimulate an artist to create a piece which, because of its uniqueness, is intimately bound to the "nonplace" and could not exist without it.

At Larderello we observed a complex situation of three distinct overlapping landscapes that have maintained their autonomy. First, the "picturesque" setting of the typical Tuscan valley with its tiny medieval hamlets perched on hilltops, that has inspired poets such as Stendhal, Lawrence, D'Annunzio, and Cassola and that still today transmits a positive message. Second, the technological aspect of the industrial plants and "pop" characteristic of the industrial buildings mark a landscape where the icons of industrial construction are displayed on an enlarged,

di avventura", proiettano verso una nuova frontiera dove il rapporto tra architettura e contesto può svilupparsi. Il progetto ideato da Herzog e De Meuron ha sottolineato la straordinaria spazialità della sala turbine reinventando una nuova figurazione attraverso pochissimi interventi volti tutti a definire le nuove modalità di fruizione. Lo spazio è poi lasciato ai propri utilizzatori, permettendo ai diversi significati possibili di sovrapporsi all'opera architettonica caratterizzandone la potenzialità. Un luogo così concepito sarà in grado di seguire le veloci trasformazioni delle opzioni percettive della contemporaneità e sarà esso stesso promotore di nuove possibilità. Per esempio, la straordinaria "Marsyas" di Anish Kapoor è una scultura a scala urbana di enormi dimensioni (m 155 x 23 e alto 35 m) realizzata in un interno. È impossibile cogliere l'opera nel suo complesso da qualunque punto della sala, la fluidità che propone si fonde con lo spazio espositivo. Il non-luogo in questo caso è riuscito ad operare su due livelli, il primo è quello di essere stato così "debole" da poter essere completamente trasformato da un'opzione della sua fruizione (l'opera d'arte), il secondo è quello di essere stato così "forte" da stimolare un artista a realizzare un'opera che proprio per la sua unicità è così intimamente legata al "non luogo" stesso e che non esisterà più una volta separata da esso.

A Larderello osserviamo una situazione di complessa sovrapposizione di tre distinti "paesaggi", che sono riusciti a mantenere intatta la loro autonomia. Per primo, quello "pittoresco" della tipica valle toscana, con i piccoli centri medioevali arroccati sulle cime dei poggi, su cui hanno scritto poeti quali Stendhal, Lawrence, D'Annunzio e Cassola, che riesce tuttora a trasmettere la propria "positività". Il secondo, l'aspetto tecnologico dell'impianto e la caratteristica "pop" del manufatto industriale, segna il paesaggio dove le icone proprie dell'edificio industriale vengono esposte e ingigantite a scala territoriale. Il terzo paesaggio è quello primitivo, violento, imprevedibile delle manifestazioni naturali: geyser, lagoni e fumarole hanno costruito l'immagine primordiale di questo luogo. Come tutte le manifestazioni naturali periodiche o permanenti, i geyser e le fumarole incutono quel complesso sentimento che attrae e respinge, affascina e terrorizza, emozioni che azzerano le differenze e "resettano" le priorità in quel singolare equilibrio tra positività e negatività. Si ipotizza che Dante per il suo Inferno si sia ispirato alla "Valle del Diavolo" quando questa si esprimeva nella sua più drammatica "bellezza" prima che l'uomo cercasse di imprigionarne

territorial scale. Third, the "primal order of natural manifestations," or the violent and unpredictable landscape of the natural phenomenon of geysers, hot springs, and sulphur gases in the area have constructed a primordial image of this place. Like all natural occurrences, be they periodic or permanent, geysers and fumaroles trigger that complex feeling that attracts and repulses, fascinates and terrorizes, creating emotions that cancel out the differences and reset priorities in that singular equilibrium between positivism and negativism. Some believe that Dante drew the inspiration for his Inferno from the "Valle del Diavolo" [Devil's Valley] expressing its most dramatic beauty before man attempted to imprison and tame its power. These three overlapping, stratified landscapes and histories are autonomous and intertwined at the same time, and the management of these three symbolic autonomies serve to define our strategies for intervention.

Since the earliest times of Etruscan clearings of forest lands, Roman land reclamation and drainage canals, the quarries and the modulation of the earth for farming, Tuscany is living evidence of ongoing experience in environmental "projects" as related to human activities. The landscape of the Val di Cecina is characterized by a seemingly total merge of the natural and artificial human environments, a result of centuries of layering of built fabric over the natural environment. The value of environmental compatibility and the undeniable æsthetic benefits that this cultivated landscape brings have made Tuscany an international icon identified by concepts such as well-being, quality of life, and a symbiotic relation between the natural landscape and human intervention. Over the past 20 years, extraordinarily interesting extensions of this tradition have taken place in the field of contemporary art. The art-nature dialogue inherent in installations such as the Tuscia Electa itineraries, Niki de Saint-Phalles, "Giardino dei Tarocchi," the Rapolano Terme projects, "Affinità" in San Gimignano, "Dopopaesaggio" in Certaldo, and the singularity of the Fattoria di Celle suggest Tuscany's potential as an extended museum in which man and artist's work merge into one.

It is in this context that the Larderello area could find a new identity and volunteer itself as a place to "globalize" this tradition and propose the creation of a place dedicated to environmental art. It could be a place to exhibit and recount the history of this artistic discipline, reconstructing the works of Michael Heizer, Robert Smithson, Richard Long, Dennis Oppenheim, Walter de Maria, and the others who in the sixties launched the artistic experiments that have generated this creative context.

la potenza. Tre paesaggi, quindi, sovrapposti e stratificati con tre storie intrecciate e autonome al tempo stesso. La gestione di queste tre autonomie segniche e la definizione delle possibili strategie di contaminazione costituisce un importante aspetto da cui fare partire il lavoro progettuale.

La Toscana, fin dai tempi remoti con le tagliate degli etruschi, le bonifiche e i canali di drenaggio dei romani, le cave e le modellazioni legate alla produzione agricola, testimonia una antichissima "esperienza" negli interventi ambientali legati al lavoro dell'uomo. Il paesaggio della Val di Cecina è esso stesso caratterizzato da una totale commistione degli ambienti umani naturale e artificiale, risultato di secoli di sovrapposizioni di costruito e natura. L'indiscusso valore di compatibilità con l'ambiente e gli innegabili valori estetici hanno fatto della Toscana un'icona internazionale identificata con concetti quali il benessere, la qualità e la straordinaria simbiosi ed equilibrio tra paesaggio naturale e intervento dell'uomo. Negli ultimi 20 anni si sono sovrapposte realtà di straordinario interesse che hanno amplificato questa tradizione al campo dell'arte contemporanea. Il dialogo arte-natura proposto da iniziative come gli itinerari di Tuscia Electa, il giardino dei Tarocchi di Niki de Saint-Phalle, i progetti di Rapolano Terme, "Affinità" a San Gimignano, "Dopopaesaggio" a Certaldo e la straordinaria singolarità della Fattoria di Celle, fanno percepire dall'esterno la Toscana come un museo diffuso in cui l'intervento dell'uomo e dell'artista si fondono.

In questo contesto l'area di Larderello potrebbe trovare una nuova identità, potrebbe candidarsi come luogo in cui "globalizzare" questa tradizione e proporre la creazione di un territorio dedicato all'arte ambientale in cui poter raccontare ed esporre la storia di questa disciplina artistica e quindi ricostruire le opere di Michael Heizer, Robert Smithson, Richard Long, Dennis Oppenheim, Walter de Maria e gli altri che alla fine degli anni '60 hanno dato avvio alle sperimentazioni artistiche che hanno generato questo ambito creativo.

Piernicola Assetta *

In this studio, we began to hypothesize that the conversion of the Larderello 3 plant in a way that includes new interior exhibition functions and the archeological renovation of the plant itself, as well as an exterior context for the exposition of contemporary earth artworks, could create a destination that embraces the entire valley and distinguishes Larderello on an international level as a center for environmental art.

Our project investigation consisted of an on-site preliminary phase, followed by the further definition of project plans and development of this design hypothesis. We theorized that the only way to enhance and conserve this exceptional area is to highlight its ability to host new heterogeneous symbols, which are configured as a synthesis of the dichotomy between natural and artificial territory. In the workshop we aimed to emphasize the area's riches and make them evident through a museum system, which consists of multiple itineraries at various scales. We began to envision that the valley itself could become a reference study area that promotes environmental art and the artistic relationship between man and nature, with the power plant and cooling towers serving as the core of this system that develops the synthesis of nature/art/technology.

First, we propose the idea of a museum that would exist at the scale of the entire valley, and showcase all of Tuscany's natural and artificial assets. This newly coined "Valle del Diavolo" can host a museum itinerary that tells the story of man and nature's integration, through the unfolding of sustainable environment and eco-environmental research. The proposed addition of a center for environmental art into the valley would highlight the major presence of steam pipes, wells, and power plants, and reveal a level of artificiality that has established its presence to such an extent that these elements are considered "natural" and accepted.

A second museum would exist at the scale of the local territory, and through this itinerary the visitor would experience the writing of history through encounter with new architectural objects that integrate with the

Introduction to Florence projects
Introduzione ai lavori del gruppo di Firenze

Abbiamo iniziato a pensare che la riconversione dell'impianto di Larderello 3, comprendente il restauro del complesso archeologico industriale, una funzione espositiva interna e la sistemazione dell'esterno per mostre di arte del territorio, potesse ampliare la sua funzione alla valle intera, segnalando Larderello a livello internazionale come centro per le arti ambientali.

Il lavoro si è articolato in una fase preliminare sviluppata sul posto, che ha condotto alla definizione del programma di progetto ed una successiva di sviluppo del tema in ipotesi progettuali. Abbiamo pensato che l'unico modo per valorizzare questo territorio eccezionale è quello di metterne in evidenza la capacità di ospitare segni eterogenei, che per la specificità del luogo tornano a configurarsi come nuova sintesi della dicotomia Natura/Artificio.

Nell'esperienza informativa, condotta durante il workshop, abbiamo mirato a far risaltare le ricchezze del territorio, rendendole evidenti grazie ad un sistema museale a scale diverse. Ci siamo resi conto che la valle stessa avrebbe potuto diventare un'area di studio di riferimento per la diffusione dell'arte ambientale e del rapporto artistico tra uomo e natura, identificando l'impianto e le sue torri come il centro di questo sistema di sintesi Natura/Arte/Tecnologia.

Per primo proponiamo l'idea di un museo a scala dell'intera valle, dove mettere a sistema tutte le emergenze naturali e artificiali della Toscana. La "Valle del Diavolo" può ospitare un percorso museale che racconta la storia dell'integrazione tra uomo e natura, mostrando la realtà di un ambiente sostenibile e i frutti della ricerca eco-ambientale. L'aggiunta di un nuovo Centro per l'Arte Ambientale nella valle valorizzerebbe la forte presenza dei tubi del vapore, dei pozzi, delle centrali e rivelerebbe un grado di artificio che ha sedimentato la sua consistenza in modo tale da essere considerata "naturale" e accettata.

Un secondo museo viene creato a scala territoriale e attraverso questo itinerario il visitatore prova l'esperienza di

"historic" ones. Located in the town of Larderello, this museum itinerary is based on the themes of "scientific knowledge" and "nature and the body." The historical presence of an abandoned spa and the possibility of exploiting the steam spa use can contribute to a strong image for creating an integrated museum center.

The third and final museum itinerary exists at the scale of the individual building. Here we focus on the Larderello 3 power plant building, which is an exceptional piece of industrial archaeology that provides an ideal backdrop for showcasing nature/artifice relationship. In the cooling towers, nature harnessed by technology creates the backdrop: the "container" is clearly artificial; the nature it contains is portrayed and interpreted by art.

The individual student's schemes tested the capacity of associating architecture with nature through a dialogue that can work from the outside in and from the inside out. The cooling towers can be reinvented as both visual cultural landmarks and icons for the area, while the powerful experience of standing in the cooling towers' interior and looking up and out while they frame the sky above, stimulates a dialogue on environmental art and inspired students to reorganize and "contaminate" these spaces with new forms that highlight the structure's new life. The museum goers would witness the building's transition from an electrical power station to a center for the development of, and education about, a newly synthesized natural and artistic energy culture.

scrivere la storia mediante l'incontro con nuovi oggetti architettonici sul territorio che si integrano alle presenze "storiche". Localizzato in Larderello, questo itinerario museale è basato sui temi della "conoscenza scientifica" e di "natura e corpo". La presenza storica di un centro termale in disuso, la possibilità di sfruttare il vapore per ambientazioni climatiche tropicali, forniscono una forte immagine per realizzare un centro museale integrato.

Il terzo e ultimo itinerario museale viene proposto a scala di edificio singolo. Ci riferiamo alla centrale di Larderello 3, un eccezionale reperto di archeologia industriale che fornisce uno scenario ideale per esaltare il rapporto Natura/Artificio. Nelle torri di raffreddamento, la natura domata dalla tecnica disegna l'ambientazione di sfondo: l'ambiente contenitore è prettamente artificio, e la natura contenuta è rappresentata e interpretata dall'arte.

I singoli progetti degli studenti hanno provato la capacità di associare architettura e natura in un dialogo che può funzionare da fuori a dentro e viceversa. Le torri di raffreddamento possono essere riprogettate sia come monumenti del paesaggio, sia come simboli per la zona, mentre la incredibile esperienza di stare al loro interno e guardare all'insù e fuori mentre esse inquadrano il cielo in alto, stimola il dialogo sull'arte ambientale e ha ispirato gli studenti a riorganizzare e contaminare questi spazi con forme nuove che mettano in evidenza la nuova vita di questa architettura. I visitatori del museo sarebbero testimoni del passaggio da centro per la produzione dell'energia a centro per lo sviluppo e l'apprendimento della cultura dell'energia naturale e artistica.

*WHILE EDITING THE PRESENT BOOK, WE SADLY RECALL THE SUDDEN PASSING OF YOUNG PIERNICOLA ASSETTA, ARCHITECT COORDINATING THE FLORENCE GROUP AT LARDERELLO WORKSHOP.

CON TRISTE RAMMARICO RICORDIAMO L'IMPROVVISA SCOMPARSA, AVVENUTA IN FASE DI REDAZIONE DEL PRESENTE VOLUME, DEL GIOVANE PIERNICOLA ASSETTA, ARCHITETTO PRESENTE AL LABORATORIO DI LARDERELLO IN QUALITÀ DI COORDINATORE DEL GRUPPO DI FIRENZE.

Domenico Lascala, Alessandra Sanfilippo

The exhibition park around the power plant works as a suspended volume connecting the plant and the cooling towers. It becomes a significant presence between landscape and land art that expresses a possible synthesis for the Larderello territory. The power plant's interior embraces the presence of the abandoned machinery and provides spaces for the research and study of alternative power, while the interior of the adjacent cooling towers are recast as exhibition and installation spaces.

Il parco d'arte che circonda la centrale crea un volume sospeso che diventa tramite di architettura tra la centrale e le torri di raffreddamento; tramite di significati tra la valorizzazione del paesaggio e l'arte ambientale, che esprime una sintesi possibile per il territorio di Larderello. L'interno del volume, che coinvolge le presenze di archeologia industriale della centrale, ospita luoghi per la ricerca e lo studio delle energie alternative, mentre l'interno delle torri è riservato a spazi scenici ed espositivi.

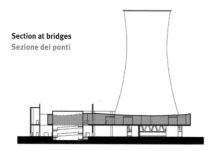

Section at bridges
Sezione dei ponti

Art as a medium between nature and power
L'arte come tramite tra natura ed energia

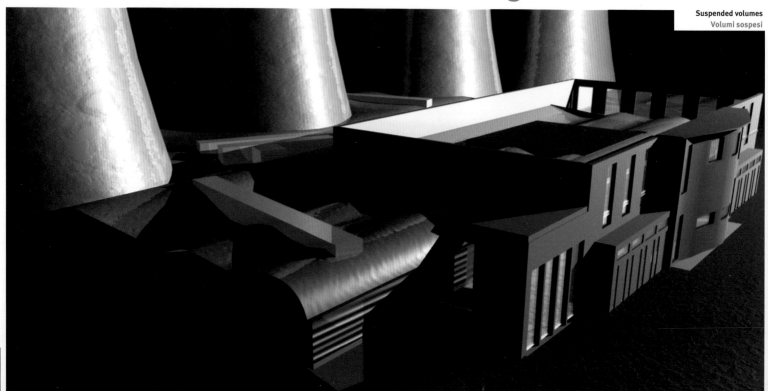

Suspended volumes
Volumi sospesi

Alessandra Fagnani

A complex system of bridges is proposed to connect all the cooling towers, and visitors are encouraged to freely move between the interiors, which are dedicated to art exhibitions and the environmental scenery of the valley. This new architecture appears as a synthesis that carries on the layers of work of writing the valley's history. The itinerary through its movement develops a new knowledge experience and offers a different approach to the environment in relation to the human capacity to interact with it.

Il complesso sistema di passerelle mette in collegamento tutte le torri di raffreddamento e consente di muoversi liberamente tra gli spazi interni, che sono riservati all'esposizione di arte ambientale, e lo scenario ambientale della vallata. Il sistema architettonico si configura come nuova sintesi, che continua il lavoro di sedimentazione della storia di scrittura della vallata. Il percorso tra interni ed esterni fornisce una nuova esperienza conoscitiva e di confronto tra l'ambiente naturale e la capacità umana di interagire con esso.

Bridges
Passerelle

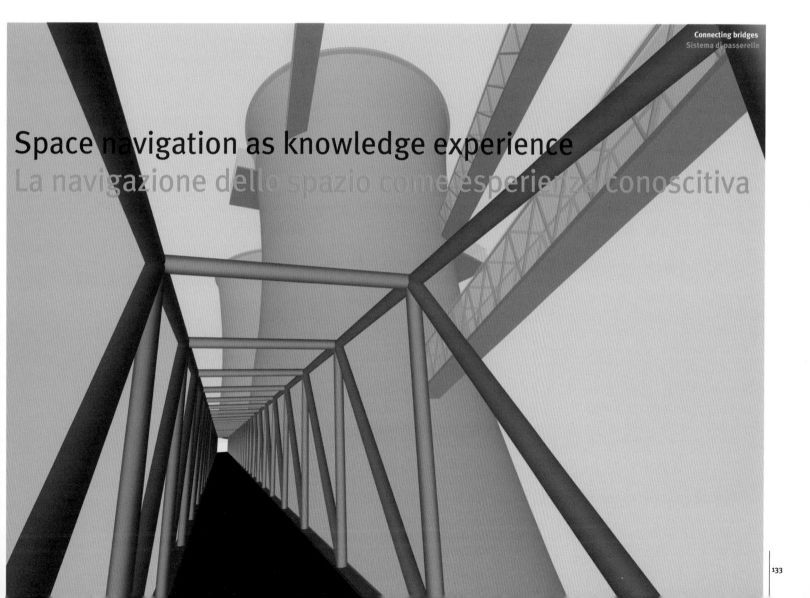

Connecting bridges
Sistema di passerelle

Space navigation as knowledge experience
La navigazione dello spazio come esperienza conoscitiva

Oliwia Bielawska, Marcos Perez-Sauquillo, Hannes Stark

The four cooling towers are reconfigured to tell the story of renewable energies: photovoltaic, hydroelectric, geothermal, and eolic. Borrowing from the language of sculpture, they create a spectacular display of the power and potential of renewable energy.

Le quattro torri di raffreddamento ospitano il racconto delle quattro energie rinnovabili, fotovoltaica, idroelettrica, geotermica, eolica; prendendo a prestito il linguaggio proprio dell'arte, riuscendo a comporre luoghi altamente spettacolari.

A cooling tower for each type of renewable energy
Una torre per ogni fonte di energia rinnovabile

Museum proposal
Proposta di museo

Natural elements - sun, water, earth & wind
Elementi naturali - sole, acqua, terra e vento

Gabriele Pinca, Paolo Pazzaglia, Michele Mosconi, Sara Moschen, Isabella Migliarini

The interior of the power plant stands as a testimony to the recent technologic past, which is important to learn about and engage with. The spirit of the proposed new architectural intervention attempts to interact with the old structure, highlighting its qualities through a contemporary exhibition structure.

L'interno della centrale è una preziosa testimonianza di un recente passato tecnologico che è importante conoscere e divulgare. La nuova anima di questa architettura cerca di mettere a sistema la ricchezza di questo mondo, esaltandone le valenze con un sistema espositivo che coinvolge l'intera architettura.

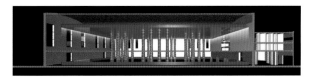

Exhibition system
Sistema espositivo

Industrial archaeology and a new spirit in architecture
Archeologia industriale e nuova anima dell'architettura

Museum proposal
Proposta di museo

Francesco Floridi, Federico Iommi

A ribbonlike element allows a new spatial approach and new visual relationship with the towers. The proposed architecture is born as an single gesture, totally free from the existing structures. It consists of a central core itinerary on video art, and, through cuts in the ground and a series of ramps, it is possible to enter the towers at lower level. This level is dedicated to performance and visual arts.

Un elemento nastriforme permette la rilettura dello spazio ed un nuovo rapporto visivo con le torri. La nuova architettura nasce come un gesto unico, completamente autonomo dalla struttura esistente e rappresenta anche il momento centrale del percorso espositivo della video-arte; attraverso tagli nel terreno, avviene l'accesso sotterraneo alle torri, in cui sono previsti spazi per performance di arti visive.

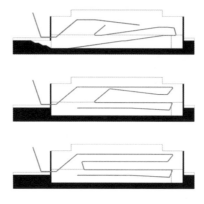

A ribbon like element
Un elemento nastriforme

Continuity
Il tratto continuo

Joussef Benjelloun, Claire Destrebecq, Ludovica Caucci, Alvaro Marzan

The abandoned power plant offers a visually striking space, and a great opportunity to concentrate a huge variety of functions, such as an extension to the existing Geothermal Museum. A large hall contains spaces for leisure and entertainment, while the upper mezzanine levels are dedicated to exhibition and display.

Lo spazio suggestivo della centrale in disuso è l'occasione per concentrare una importante varietà di funzioni, che creano il naturale completamento alla presenza del museo della geotermia. Una grande hall ospita spazi ricreativi e di svago, mentre i due livelli sovrastanti sono dedicati ad una funzione più prettamente espositiva e museale.

Hall
Hall

Multifunctional container
Contenitore multifunzionale

Edited by Andrea Bassan

Afterword: Rome "la Sapienza" university contribution
A margine: contributo dell'università "la Sapienza" di Roma

Landscape and nature in current urban design

ANTONINO SAGGIO: Landscape and nature as a fundamental paradigm in the creation of architecture has, for at least twenty years or so, been a reference for the entire architectural debate. Human beings from electronic and postindustrial civilizations can now resettle their account with nature because, if the manufacturing industry dominated and exploited natural resources, then the information technology industry can help increase their appreciation and conservation. At least in technologically advanced countries, this structural change of direction opens up the opportunity for a "compensation" of historic proportions. Green areas, nature, and structures for leisure time activities can all now be placed in areas built up frequently with very high-density construction. The process is not "on the surface." We are not dealing with circumscribing and fencing off green areas to contrast with those other residential, tertiary, and managerial areas, as was part of the logic of organizing by dividing the industrial city. On the contrary, we mean creating new integrated parts of the city where that interacting group of activities typical of the information society exist alongside a powerful presence of nature. Naturally, the tools change as well. Multifunctionality and integration have now become the necessities for the information city and its new peripheral areas. The nature intended in this concept is the figure of flows, the wave, whirlpools, crevasses, and liquid crystals; fluidity becomes the key word. It describes the constant mutation of information, and places architecture face to face with the most advanced research frontiers, from biology to engineering, to the new fertile areas of superimposition such as morph genesis, bioengineering, or biotechnology. The idea is that architecture, after having made itself into landscape, whether in the stratifications and palimpsests of Eisenmann or the residual urbanscape of Gehry, can become a reactive landscape, complex, animated and alive.

MANUELA RICCI: The route of approach to the urban centers, little by little climbing uphill, suggests a gradual formation of different views. It seems that while different films are being shown incoherently one after another, one discovers the land in its entireness: concrete; metal pipes that "break" the hill, at first glance appearing as a negative landmark; the vapors and, after that, also the odors; a disturbing penetrating feel hard to soothe,

Paesaggio e natura nella progettazione urbana, oggi

ANTONINO SAGGIO: Ora, il paesaggio e la natura quale fondamentale paradigma della creazione dell'architettura è da almeno un ventennio parola di riferimento per tutto il dibattito architettonico. L'uomo della civiltà post-industriale ed elettronica può rifare i conti con la natura perché se l'industria manifatturiera doveva dominare e sfruttare le risorse naturali, quella delle informazioni la può valorizzare. Almeno nei paesi tecnologicamente avanzati, questo strutturale cambio di direzione apre l'opportunità a un "risarcimento" di portata storica. In zone spesso costruite a densità altissime, oppure in zone naturali fortemente sfruttate e industrializzate, si può iniettare ora verde, natura, attrezzature per il tempo libero. Il processo non avviene in superficie. Non si tratta di circoscrivere e recintare nuove aree verdi, o nuovi parchi tutti naturali da contrapporre alle zone residenziali, terziarie, direzionali come era nella logica dell'"organizzare dividendo" della città e del territorio industriale. Si tratta al contrario di creare nuovi pezzi di città o di territorio integrati dove accanto a una forte presenza di natura sia presente quell'insieme interagente di attività tipiche della società dell'informazione. Naturalmente, anche gli strumenti cambiano. Plurifunzionalità e integrazione sono diventate necessità che si estendono ben oltre la città propriamente detta.

Ora la natura cui questa concezione del paesaggio guarda sono le figure dei flussi, dell'onda, dei gorghi, dei crepacci, dei cristalli liquidi e la fluidità diventa parola chiave. Descrive il costante mutare delle informazioni e mette l'architettura a confronto con le frontiere di ricerca più avanzate, dalla biologia all'ingegneria, alle nuove fertili aree di sovrapposizione come la morfogenesi, la bioingegneria o la biotecnologia. Insomma l'idea che si sta facendo strada e di cui abbiamo visto alcune idee anche in questa occasione e che sono presenti nel libro, è che l'architettura, dopo essersi fatta essa stessa paesaggio o nelle stratificazioni e nei palinsesti di Eisenman, o nel residuale *urbanscape* di Gehry, può essa stessa diventare paesaggio reattivo, complesso, animato, vivo.

MANUELA RICCI: Il percorso di avvicinamento ai centri abitati, che si inerpica lentamente per la collina, propone una scoperta progressiva delle immagini e quasi come attraverso una serie di pellicole che si avvicendano a

but only after having realized that rightly so, unconsciously in the mind of the beholder, enchantment occurs. It's surely something unusual and strange, and stimulating, which triggers the designer, who has to commit to a plan. At this moment begins the Larderello area project: its promotion, industrial facilities renovation, and reuse for new functions, existing building renovation, and landscape remodelling, without wasting its magic away.

LUCIO ALTARELLI: Unlike Northern Europe, in countries boasting strong industrial presence and a visible relationship between work organization and urban landscapes, in the "Belpaese" of hundreds of cities with thousands of years of history, industry is basically perceived as an extra body, as an ideal scenery for a voiceless Red Desert, compared to the places and high forms of Italian culture and tradition. Two different reasons are at the base of this removal. As it is very well known, in Italy a post-war industrial revolution such as that experienced by other nations never occurred. Neither did the phase of building with iron and glass, huge span constructions and shelters for greenhouses, railway stations and factory buildings that in particular underline the course of the 19th century in France and Britain. The confusion and uncertainties of Italian culture toward the industrial world and technological progress bring in, in the "Belpaese," a more general and alluring past and present difficulty, to bring together tradition and innovation, conservation and development, historic cities and suburbs, monuments and factories, tourism and work.

A large part of the modern world considers the new transportation systems, cars, ships and airplanes, together with industry progress and forms, not only the results of technical success but also a source of inspiration, a preliminary poetical statement. In Vers une architecture, Le Corbusier overlaps the Parthenon image with that of a dynamic and metallic outline of Delage Grand Sport car. In Précision Marseilles's Unité d'Habitation is compared with the image of a modern vessel, both represented in their side elevations and through sections. In the Lingotto, the Fiat car factory in Turin, the suspended road designed by Matté Trucco works as a roof, and is taken as an analogical example of the stretched viaducts crossing the Rio and Algiers landscapes and building in hills and mountains as today's new aqueducts. Also some Le Corbusier projects allude to the world

scatti, l'una dietro l'altra, si scopre il paesaggio nella sua interezza: il cemento; i tubi metallici che "spezzano" la collina anche, apparentemente, a detrazione della qualità ambientale; i fumi e mano a mano anche gli odori; una sorta di inquietudine pervasiva difficile da placare se non dopo essersi resi conto che proprio così, nell'inconscio di chi guarda, si manifesta la magia. Certamente qualcosa di strano e inusuale, che evoca immagini e che spinge il progettista che debba misurarsi con questo tema. Da qui parte il progetto di territorio per Larderello: riqualificazione, riuso delle opere industriali per nuove funzioni, rivitalizzazione del patrimonio edilizio esistente, "ridefinizione" del paesaggio, il tutto, possibilmente conservandone la magia.

LUCIO ALTARELLI: A differenza dei paesi del nord Europa che vantano una radicale presenza industriale e un visibile rapporto tra organizzazione del lavoro ed assetti urbani, nel "Belpaese" delle cento città d'arte, con la loro storia millenaria, la presenza dell'industria è vissuta, sostanzialmente, come un corpo estraneo, scenario ideale dell'incomunicabilità di Deserto Rosso, rispetto ai luoghi e alle forme alte della cultura e della tradizione italiane. Due, essenzialmente, i motivi di questa rimozione. In Italia, com'è noto, è mancata una vera e propria fase industriale comparabile con lo sviluppo di altre nazioni. È mancata, inoltre, la stagione delle costruzioni in ferro e vetro, delle grandi luci e coperture di serre, stazioni ed opifici che, particolarmente in Francia ed in Inghilterra, contrassegna tutto il XIX secolo. Le incertezze e le riserve della cultura italiana nei confronti del mondo industriale e dei progressi della tecnica chiamano, a loro volta, in causa una più generale e ricorrente difficoltà, passata e presente, a coniugare nel 'Belpaese' tradizione ed innovazione, tutela e sviluppo, memoria e progresso, centri storici e periferia, monumenti ed opifici industriali, turismo e lavoro.

Per una parte consistente del mondo moderno i nuovi mezzi di trasporto, l'universo di auto, navi ed aerei, unitamente ai progressi e alle forme dell'industria, sono assunti non solo come risultati di conquiste tecniche, ma come fonte costante di ispirazione, come preliminare dichiarazione di poetica. Nelle pagine di "Vers une architecture" Le Corbusier mette in sovrimpressione il Partenone con la sagoma dinamica e metallica della vettura Delage Grand Sport, in "Précision l'Unité d'Habitation" di Marsiglia con l'immagine di un moderno piroscafo,

of production, short-circuit, and hybridity between architecture and industry. The standardized house Cithohan recalls Citroën, Paris Plan Voisin is a clear homage to the automobiles and aircraft firm of the same name. The American cities' enormous silos, ports, and barns, in their simple distribution of volumes and forms meaningfully stand in the sun as source of lights and shadow, assume in Le Corbusier a double connotation. On the urban scale they are considered as hypothetical landmarks of a new Ville Radieuse and, at the same time, on the scale of buildings they are taken as the esprit nouveau of a new spatial idea.

Images of American silos, published in Morancé's Grandes costructions, unintentionally taken from the same point of view appear both in Le Corbusier's Vers une architecture and in Mendelsohn's Amerika, written in 1926. This is a fascinating collection of black and white New York and Chicago pictures, and an enthusiastic tribute to the new world. All masters of modernism, from different points of view, acknowledged the vivacity of the American downtowns, the neon signs, the Broadway lights, and the huge factory buildings.

During the same period, Italy, marked by a still largely agricultural and rural development, was overwhelmed by the heavy burden of the past and traditional values fed by fascist policy. Futurism aimed to go beyond all that and intended to become an advanced and avant-garde movement, explicitly alternative to and opposed to all knowledge aspects to the metaphysical piazze d'Italia, the immobile Carrà, Sironi, and Casorati settings and to the deceptive muse inquietanti of the past and the myths of the "Mediterranean idolization" risks. Against the questionable values of history, continuity, and memory, they opposed the tools of discontinuity and break, the depiction of speed, of movement, and of the transitory, of the aereopittura and of destruction, including the extremes of war, considered as clashing categories against conformist apathy and immobility.

The ideal Italian landscape in which the Futurists set their total revolution is not the conventional one of celebrated monuments and sights, but that of railway stations and heliports, dams and power stations. Sant'Elia, Chiattone e Marchi depict paesaggi elettrici, with dams and electrical plants. Depero mixed up advertising, industrial products, drawing, and architecture, anticipating several Pop Art topics. The rationalist

messi a confronto nei rispettivi profili longitudinali e nelle sezioni trasversali. Il tetto, a forma di strada pensile, del Lingotto, la fabbrica di automobili Fiat progettata da Matté Trucco, viene posto in analogia con i lunghi viadotti abitati che innervano il paesaggio di Rio e di Algeri, murando colline e montagne come nuovi acquedotti della contemporaneità. Alcuni progetti stessi di Le Corbusier, fin dal loro nome, alludono al mondo della produzione, rafforzando assonanze, cortocircuiti ed ibridazioni tra architettura ed industria. La casa in serie Cithohan richiama le auto Citroën, il parigino è un chiaro omaggio all'omonima fabbrica di auto ed aerei. Il Plan Obus per Algeri, nella sua terminologia militare, si rifà alla traiettoria di un proiettile.

Gli stessi immensi silos di porti e granai delle città americane, nelle loro volumetrie rigorose, nel gioco sapiente dei volumi sotto il sole, nel dispiegarsi di luci ed ombre, assumono per Le Corbusier una doppia valenza. A scala urbana sono visti come ipotetici landmark di una nuova Ville Radieuse e contestualmente, a scala architettonica, come esprit nouveau di una nuova concezione spaziale.

Le immagini dei silos americani, già pubblicate nelle "Grandes constructions" di Morancé, figurano, fotografate con sorprendente coincidenza da medesime angolazioni, sia nelle pagine di "Vers une architecture" di Le Corbusier che nel libro "Amerika", del '26, di Mendelsohn, un'affascinante raccolta di foto in bianco e nero di New York e di Chicago, che ha il valore di un accorato tributo al nuovo mondo americano. Il vitalismo delle downtown americane, i neon delle insegne pubblicitarie, le luci di Broadway, i grandi opifici industriali riescono a mettere d'accordo protagonisti così distanti del Movimento Moderno.

Negli stessi anni l'Italia, contrassegnata durante il Ventennio da una economia e da uno sviluppo ancora sostanzialmente agricoli e rurali, registra, oltre al peso incombente dei valori del passato e della tradizione, un forte arretramento, in termini sia culturale che di sviluppo, che il Futurismo intende superare proponendosi come movimento fortemente innovativo ed avanguardista, dichiaratamente alternativo e contrapposto, in tutti i campi del sapere, alle metafisiche piazze d'Italia, alle immobili spazialità di Carrà, Sironi e Casorati, agli inganni delle muse inquietanti del passato e ai rischi dei miti della mediterraneità. Opponendo ai presunti valori della continuità

Terragni organizes his Novocomum in the shape of a ship. The ship issue appears also in the Villa Malaparte project by Libera, shiplike house stuck in the Massullo Cape sea cliff as by witchcraft and projecting into the surrounding peaks. Recalling Ulysses' vessel in the forms of its radical <u>uniqueness</u>, but also in the pointed lines of a modern torpedo boat, Villa Malaparte in Capri, emphasizes the landscape qualities, making it natural once again. It blends architecture and its surroundings, in a reciprocal need relationship. More than any true Capri or fake Capri style house. Villa Malaparte artifice, the machine-house, intentionally dissonant in the Pompeian deep red of its walls, takes on the <u>poetic of difference</u> from the image of the classical temple referred to its context, points out that nature and landscape are stirred by the architecture's action. In <u>La pelle</u> Malaparte tells of a probably imaginary conversation between him and general Rommel, which happened once during one of his Capri stays. To the Rommel question of whether the house existed before Malaparte or was conceived by him, the Tuscan writer answers, the house was there before, but, he himself "designed the landscape."

In the alternate conflicts between *Metafisica* and *Futurismo, in* opposing contrary visions of modernity, eventually the former will prevail upon the latter, pushing the Italian culture back into the bed of a surely educated but entirely anti-modern tradition, with significant consequences even today. Within the recurring streams of history, also in the recent contrast between the 1970s Tendenza and Zevi neo avant-garde project, the Tendenza has overcome the other, converting Aldo Rossi's totally personal poetry into a mean consumer model for mass university learning and education. After the actual experience, one can now say that Zevi's role has been fully appraised and appreciated, however late. Futurism's defeat on one side, and De Chirico's proposal in the so-called Tendenza on the other, indicates the Italian architect's actual difficulty and endemic failure, either political and cultural, to combine innovation and development, or tradition and transformation. Preservation always prevails upon modification, and risks cutting Italy off from the rest of the world and transforming it into an open-air museum.

In this not really exciting Italian architectural scene, where a misleading environment safeguard rules over a

della storia e della memoria il grimaldello della discontinuità, della rottura e la rappresentazione della velocità, del movimento, della provvisorietà, dell'aereopittura e della distruzione, compresa quella terminale della guerra, intese come categorie contrapposte alle pastoie della conservazione e dell'immobilismo.

Il paesaggio ideale in cui il Futurismo inquadra la sua rivoluzione globale, non è quello tradizionale del 'Belpaese', con i suoi celebrati monumenti e vedute, ma quello delle stazioni, degli eliporti, delle dighe e delle centrali di trasformazione. Sant'Elia, Chiattone e Marchi raffigurano i paesaggi elettrici, di dighe e centrali. Depero coniuga pubblicità, prodotti industriali, grafica ed architettura anticipando molti temi della Pop Art. Il razionalista Terragni configura il suo Novocomum, segregandone le forme durante il cantiere, nelle forme di una nave. Il tema della nave torna nel progetto di Libera per Villa Malaparte, nave incagliata come per un sortilegio nelle rocce di capo Massullo e protesa verso i circostanti faraglioni. Nelle forme della sua radicale alterità, che richiama l'imbarcazione di Ulisse ma anche le linee aguzze di un moderno cacciatorpediniere, Villa Malaparte valorizza le caratteristiche ambientali del sito, riesce a rinaturalizzarlo, ad essere nel paesaggio e a farsi paesaggio, unendo architettura e contesto secondo rapporti di reciproca necessità. Più di qualsiasi casa autenticamente caprese o in finto stile caprese. L'artificio di Villa Malaparte, la casa in forma di macchina, volutamente dissonante nelle accese pareti color rosso pompeiano, riprendendo la poetica della differenza espressa dal tempio classico rispetto al contesto di appartenenza, ribadisce come natura e paesaggio siano messe in scena dall'azione dell'architettura. Nelle pagine di "La pelle", Malaparte cita un colloquio, molto probabilmente del tutto immaginario, con il generale Rommel avvenuto durante un suo soggiorno caprese. Alla domanda posta da Rommel se la villa preesistesse o se fosse stata ideata dallo stesso Malaparte, lo scrittore toscano risponde che la casa preesisteva ma che lui aveva "disegnato il paesaggio".

Negli alterni scontri tra Metafisica e Futurismo come contrapposte visioni della modernità alla fine la prima prevarrà sul secondo, riconducendo la cultura italiana nell'alveo di una tradizione certamente colta ma largamente antimodernista. Con tutte le conseguenze che questo ha comportato, anche per quanto riguarda il presente.

real change strategy, the Larderello issue appears to be a very sensible choice, which is positively offbeat and appropriately controversial. By taking American students to Larderello's frontier, rather than to celebrated art towns or into scenic vista-landscapes, such as the Veneto villas, Chiantishire, or the Umbria country-houses, first and foremost states a new found significant will to support the conventionally ugly, the places of work and industrial production, vs. the conventionally beautiful, the "Belpaese" and standard places, we begin to preference the issue of modification rather than that of preservation. The industrial Larderello landscape in fact does assert, in its radical juxtaposition of nature and artifice, with its metal pipes crossing the territory like veins in a body and the breathing steams from the evaporating towers, and its vertical counterpoint to the land's horizontality, the aspect of nature artificially belonging to every landscape. This aspect underlines the legitimacy of modifying landscapes, in particular Italian landscapes, without differentiating between the beautiful and the ugly, and the superb and the insignificant, asserting the necessity of the landscape's modification to prevent our suffering from memory illness and remembrance risks, and also to avoid freezing them in the more peaceful practice of archæology.

Information technology in urban design

ANTONINO SAGGIO: Information technology plays four key roles in the urban design context.

1. First of all, it supplies the "mathematical models" to investigate the geological, biological, physical and chemical complexity of nature and, beginning with these models of simulation, allows the structuring of new relationships in projects that exploit reason and dynamics.
2. Second, IT supplies decisive weapons for the real construction of projects conceived with this complex "all digital" logic.
3. Third, IT endows architecture with reactive systems capable of simulating types of behavior in nature, in reactiion to climate, usage flows and ultimately also emotional behaviour, and so offers a new phase of aesthetic research we have frequently discussed when speaking of the challenges of Interactivity.

Nei corsi e ricorsi della storia, anche nella più recente contrapposizione tra la Tendenza degli anni '70 ed il progetto neoavanguardista di Zevi, la prima ha prevalso sul secondo, trasformando la personalissima poetica di Aldo Rossi in un modello pedissequo di consumo da parte di una università e di una didattica oramai di massa. Alla luce dell'esperienza attuale si può dire che il ruolo svolto da Zevi è stato ampiamente rivalutato, anche se nelle forme di un riconoscimento postumo. La sconfitta del Futurismo prima, la ritrascrizione delle atmosfere dechirichiane poi da parte della Tendenza rimandano alle attuali difficoltà dell'architettura italiana la cui endemica incapacità, sia politica che culturale, a coniugare innovazione e sviluppo, memoria e trasformazione, nel vincente primato della conservazione sulla modificazione, rischia di emarginarla dal resto del mondo e di trasformare l'Italia in un immenso museo a cielo aperto. In questo quadro, non propriamente esaltante per l'architettura italiana, dove un malinteso garantismo ambientalista prevale su una corretta gestione della modificazione, il tema di Larderello mi sembra una scelta di grande intelligenza, positivamente in controtendenza e adeguatamente polemico. Portare studenti americani nella marginalità di Larderello, invece che nelle celebrate città d'arte o nei paesaggi con vista delle ville venete, del 'Chiantishire' o dell'Umbria casali-di-sogno esprime, innanzi tutto, un'apprezzabile volontà di privilegiare il tradizionalmente brutto, i luoghi del lavoro e della produzione industriale, vs. il tradizionalmente bello, i luoghi deputati e canonici del 'Belpaese', facendo prevalere conseguentemente il tema della modificazione su quello della conservazione. Sia perché il paesaggio industriale di Larderello, ed in questo consiste l'ulteriore interesse dell'area, con le sue condutture metalliche che innervano il territorio come le vene di un corpo e nel respiro dei vapori che sfiatano nelle torri di evaporazione, contrappunto verticale all'orizzontalità del paesaggio, ribadisce, nella sua radicale dissolvenza incrociata tra natura ed artificio, la natura artificiale (l'ossimoro è d'obbligo) di qualsiasi paesaggio. Questo aspetto pone in primo piano non solo la piena legittimità di modificare i paesaggi, in particolare quelli italiani, senza distinzioni manichee tra belli o brutti, aulici o quotidiani ma la necessità stessa del loro sviluppo per sottrarli ai rischi della patologia della memoria e della liturgia del ricordo, e per non congelarli nella pratica, più tranquillizzante, della archeologia, compresa quella industriale.

4. Fourth, IT, or rather the Information Age, also supplies an overall different model of the city and urban landscape: it is mixed in its uses, superimposed in its flows, open 24 hours a day, with "nature and artifice" structurally interwoven into production, leisure, social and residential activities.

Local development plan
MANUELA RICCI: One starting point for estimating the feasibility of a local development plan is the careful analysis of demand that addresses multiple scales.

1. International: this concerns "niche situations," promoting tourism in "specific" fields (for example, we may refer to Iceland's geothermal energy campaign).
2. National: this refers to an analysis of current tourist flow within a larger area, to understand whether it is possible to take advantage this flow, and to tap into it for one day or more in visits to the Larderello area.

Besides the analysis of demand, an investigation into the technical opportunity of building restoration and renovation for those buildings currently not in use.

At the same time, it is critical to consider the current accommodation facilities and development potential, in relation to the existing building stock and to the capability of local individuals to promote and sustain it. The other crucial aspect concerns the existing building supply and the possibility to increase their number in respect both to residents and to visitors. In relation to this supply, a decisive role is performed by the ability of the local authority to work together or, better, to create municipal bonds or other more conventional unions, aimed to mutually administer the facilities, in order to increase economy of scale vs. costly separate managements.

LUCIO ALTARELLI: As partly suggested by the students' proposals, Larderello's renovation plans start from three necessary statements:

1. The industrial character of the area should awaken the issue of modernity rather than vaguely linger on

L'informatica nella progettazione urbanistica
ANTONINO SAGGIO: L'informatica gioca nel contesto della progettazione quattro funzioni chiave:

1. innanzitutto fornisce i "modelli matematici" per indagare la complessità chimica, fisica, biologica, geologica della natura e a partire da questi modelli di simulazione consente di strutturare relazioni nuove in progetti che ne introitano le ragioni e le dinamiche.
2. in secondo luogo, l'informatica fornisce armi decisive per la costruzione reale di progetti concepiti con queste complesse logiche "all digital".
3. in terzo luogo, l'informatica dota l'architettura di sistemi reattivi capaci di simulare comportamenti della natura, nella reazione al clima, ai flussi di uso e ultimamente anche ai comportamenti emotivi, e offre così una nuova fase di ricerca estetica su cui ci siamo spesso soffermati parlando delle sfide dell'interattività.
4. in quarto luogo l'informatica, o meglio l'era informatica, fornisce anche un modello complessivamente diverso di città, di paesaggio urbano e anche in parte di territorio: misto negli usi, sovrapposto nei flussi, aperto 24 ore su 24 con attività produttive ludiche, sociali e residenziali in cui si intrecciano strutturalmente "natura e artificio".

Progetto di sviluppo locale
MANUELA RICCI: Uno dei primi passi per valutare la fattibilità di un progetto di sviluppo locale in questa direzione richiede, dunque, un'attenta analisi della domanda da rivolgere a due livelli:

1. a livello internazionale, riguarda "situazioni di nicchia" che promuovono il turismo in territori "particolari" (si pensi, ad esempio, a come viene pubblicizzata la questione dell'energia geotermica in Islanda).
2. a livello nazionale, riguarda le connotazioni dei flussi turistici che attualmente frequentano la zona allargata, per capire se è possibile effettuare un "drenaggio", per uno o più giorni, di questi flussi verso l'area di Larderello.

that of archaeology. This implies that the future Larderello's development must take advantage of all present-day resources in terms of transformation and utilization (i.e., shows, performances, events), leaving the simple role of witnessing the objects former culture behind. Larderello, due to its underground volcanic nature and to the dramatic landscape made of hills, trees, pipes and fumaroles, could play a significant role in planning through making positive use of nature and memory.

2. The second aspect is regards to the strong impact that industrial forms have on the landscape of Larderello: it becomes a sort of immense land art. This in fact is the perfect place where all performances and events associated with land and landscape should happen.

3. The third observation concerns the inconvenient access to the area, which is far from all main traffic motorways and major towns. The plans should therefore be able to convert Larderello's eccentricity and remoteness into an advantage, promoting fantastic opportunities, especially for art and events. These three issues, in my belief, have directed the projects' basic lines and, at different degrees, are present in the project proposals.

Accanto all'analisi della domanda, rileva ovviamente la possibilità, in senso tecnico, di trasformazione delle opere allo stato attuale inutilizzate. Contestualmente, è opportuno valutare la ricettività attuale, le sue capacità di sviluppo sia in rapporto al patrimonio edilizio esistente sia in rapporto alla presenza in loco di operatori capaci di promuovere e sostenere questo sviluppo. Altro elemento di fondamentale importanza è costituito dalla dotazione di servizi esistenti e dalla possibilità di realizzarne di nuovi, da rivolgere da un lato alla popolazione residente e dall'altro ai turisti. In questo, gioca un ruolo fondamentale la capacità dei comuni della zona di costituire associazioni o piuttosto unioni di comuni o altre forme convenzionali per arrivare a una gestione integrata dei servizi, accrescendo le economie di scala che possono generarsi rispetto a gestioni separate troppo onerose.

LUCIO ALTARELLI: Come in parte sotteso dalle stesse proposte di intervento, il progetto di trasformazione di Larderello implica tre necessarie premesse:

1. il carattere industriale dell'area deve evocare i temi della modernità più che attestarsi su quelli, più neutri, dell'archeologia. Questo comporta che l'assetto futuro di Larderello deve essere in grado di intercettare tutte quelle risorse, in termini sia di trasformazione che d'uso (spettacoli, manifestazioni ed eventi particolari), legate alla contemporaneità, andando oltre il semplice ruolo di testimonianza della cultura materiale. Le suggestioni di Larderello, dovute alla dimensione vulcanica del sottosuolo e alla visibilità del suo contrastato paesaggio, fatto di colline, alberi, tubi e vapori, vanno messe in scena nel progetto del nuovo, facendo un uso attivo della sua natura e memoria.

2. il contrasto che a Larderello si attua tra strutture industriali e forme del paesaggio naturale: una sorta di *land art* a scala territoriale. Nella sua sovrapposizione di natura ed artificio, Larderello è il paesaggio ideale per accogliere tutte quelle performance ed eventi che legano arte e paesaggio.

3. il terzo aspetto riguarda la sua non facile accessibilità, vista la sua lontananza da autostrade e da centri urbani consolidati. Il progetto di modificazione dovrebbe, pertanto, essere in grado di trasformare la sua marginalità in valore, promovendo l'attivazione di eventi eccezionali, legati soprattutto all'arte e allo spettacolo.

Questi tre aspetti, a mio avviso, hanno indirizzato le scelte di fondo delle proposte e sono, a vario titolo, presenti nei progetti elaborati.

Managing the plan

MANUELA RICCI: Discussions and teamwork with local administrations might go beyond the issue of facility restoration to achieve a new joint programmatic plan, which focuses on the consideration of individual local identity, heritage, and economic, financial, human and environmental resources. The possibility of a public/private partnership should be investigated, in relation to the fact that the program concerns potential costly activities and facilities. A possible authority bond could exist to control enterprise and to stimulate public/private debate aimed at concentrating resources on the territory and creating multiple effects. The combined programs and possible catalyst groups are numerous. Naming the actors, and the strategies, and the means to promote the site should be, of course, part of the project as well, upon which the program's success may depend to a large extent.

Amministrare il piano

MANUELA RICCI: Il confronto e l'attivazione di un lavoro comune tra le amministrazioni della zona può travalicare la questione dei servizi e arrivare a definire un vero e proprio progetto di sviluppo comune, volto a valorizzare identità, patrimonio e risorse economiche, finanziarie, umane e ambientali dei singoli comuni. Andrà studiata inoltre la possibilità di attivare una società pubblico/privata a vantaggio di un progetto per lo sviluppo di attività economiche e di attivazione di servizi tariffabili. L'eventuale associazione dei comuni assume un ruolo di coordinamento degli interventi e di stimolo a uno scambio pubblico/privato, volto a concentrare risorse sul territorio; creando un effetto moltiplicativo dell'intervento pubblico. Le famiglie di programmi integrati e di strumenti possibili sono numerose. Parte integrante del progetto dovrà, ovviamente, essere anche l'individuazione dei soggetti, delle modalità e degli strumenti di promozione del territorio "offerto" sul mercato, dal quale in buona parte può dipendere il successo dell'iniziativa.